东海绘里香 甜蜜编织时光

[日]东海绘里香 著
叶宇丰 译

中国纺织出版社有限公司

引言 *Introduction*

想要在每天都使用的衣柜里收入手织的编织品吗？

将喜欢的图案穿在身上，单调乏味的日子好像也变得快乐一些了。

穿戴上可爱的毛衣、围巾出门，或是在家中穿上手织的室内鞋，消磨温暖的时光……

想给大家带去每天的好心情，于是便诞生了本书。

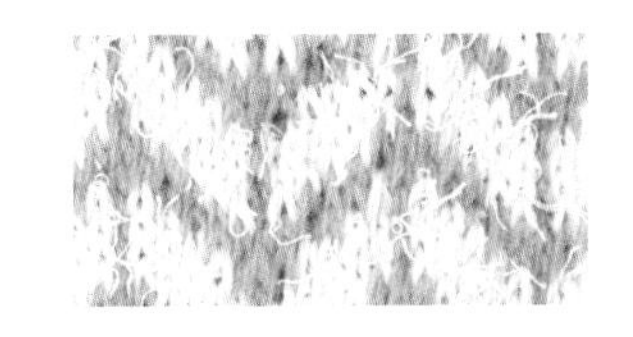

从很久以前开始，就觉得编织是件令人快乐的事情。
无论是编织的过程还是将织物穿到身上的那一刻，
都让人心生愉悦。
伴随着这样的心情编织，
便有了书中的这些作品。

喜欢的小动物、好吃的食物、
日常生活中遇到的事物，
尽情想象着这些令人心动的物品，
将它们编织到作品中去。

本书中刊登的作品几乎都是提花织物。
换线、渡线，可能会稍显麻烦，
但在编织过程中看着花样一点点成型，
是十分开心的。

自在又认真地移动一针一线，
手织出专属于你的编织品吧。

东海绘里香

目录 *Contents*

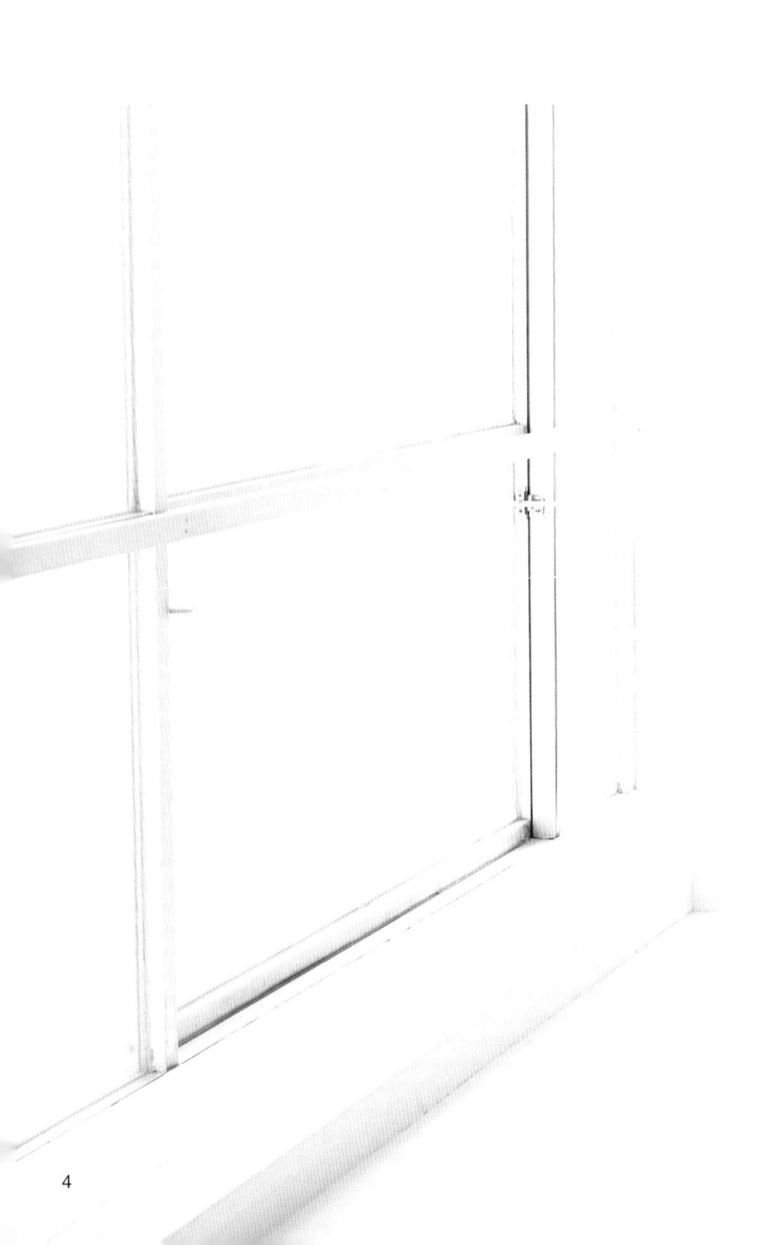

No. 1

白熊套头衫

白熊常常出现在我的作品中。在鲜明的蓝色中织入了富有生气的图案。穿着时，从背后悄悄露出的脚是本作品的一大亮点。

编织方法 / p.36

用线 / PUPPY Julika Mohair
PUPPY British Eroica

* 为方便读者参考，全书线材型号均保留英文。

给刚睡醒的身体
穿上轻柔触感的马海毛。
白熊那有层次的洁白毛色，
仿佛窗外的雪景一般。

a

No. 2

花朵套头衫

同样的图案，a 为雅致的单色编织，b 为彩色编织。花朵图案容易显得花哨，底色选用沉稳的马海毛或是朴素的粗呢线为佳。至于花朵是什么品种，就任君想象吧。

编织方法 / p.40

用线 / a PUPPY Julika Mohair
b PUPPY Soft Donegal
PUPPY British Eroica
PUPPY Julika Mohair

b

为了方便活动，
无袖背心正是好选择。
在庭院采摘了满满一篮苹果，
与他人分享。

No. 3

小房子背心

乍一看好像是几何图案，其实是一排排的小房子。
由于使用细线编织，会稍稍花点时间，但同时成品会十分柔软轻薄。

编织方法 / p.46
用线 / PUPPY British Fine

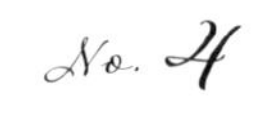

No. 4

小房子护腕

用 p.10 的图案圈织成护腕。手指可以自由活动，无论在户外还是室内都十分方便。试着在喜欢的位置绣上窗户图案吧。

编织方法 / p.52
用线 / PUPPY British Fine

a
b
c

No. 5 猫咪手提袋

将不同品种的小猫分别织在 3 款手袋上。使用 2 根线编织，不一会儿工夫就能完成。鲜艳的内衬布隐约可见，与外侧图案十分相配。

编织方法 / p.53

用线 / DARUMA Merino Style 中粗
DARUMA GENMOU
DARUMA LOOP（仅款 *b*.）

No. 6

柠檬单肩包

柠檬的清凉和毛线的温暖相结合，十分新鲜。柠檬图案中的一部分使用了马海毛，编织出细微差别，具有立体感。是一款可以在穿搭中成为主角的包包。

编织方法 / p.56

用线 / PUPPY British Eroica
PUPPY Julika Mohair

背着单肩包，
从取景器中观察着街景，
唤醒了酸甜的记忆。

天鹅套头衫

漂亮的薄荷蓝套头衫中，悠悠荡荡地漂浮着几只白天鹅。用缝针或钩针挑出羽毛上的线，整理出蓬松感。宽松的版型，穿着舒适。

编织方法 / p.58

用线 / PUPPY Queen Anny
HAMANAKA Rich More Elk

No. 7

No. 8

松鼠围脖

看上去像是传统花纹的松鼠图案围脖。横向提花的渡线使它的保暖性大大提升。圈织无需缝合，是可以快速编织完成的一款作品。

编织方法 / p.62

用线 / Brooklyn Tweed ARBOR

用秋天特有的橡果色编织的背心。
感觉像是把红叶穿在了身上。
抬头望树梢，
在枝丫间隙的光影之中看到了小松鼠。

No. 9

松鼠背心

使用与p.20相同的图案编织的背心。领口花样为往返编织，在中央重叠缝合的款式。以前的书中常出现这种设计，令人怀念，于是试着创作了这一款。

编织方法 / p.63

用线 / Brooklyn Tweed ARBOR

No. 10

迷彩套头衫

迷彩本给人以坚硬结实之感，用毛线编织出来便有了不同的感觉。一部分织入仿皮毛线，使质感更加柔和，亮片的点缀显得俏皮有趣。

编织方法 / p.66

用线 / PUPPY British Eroica
PUPPY Primitivo

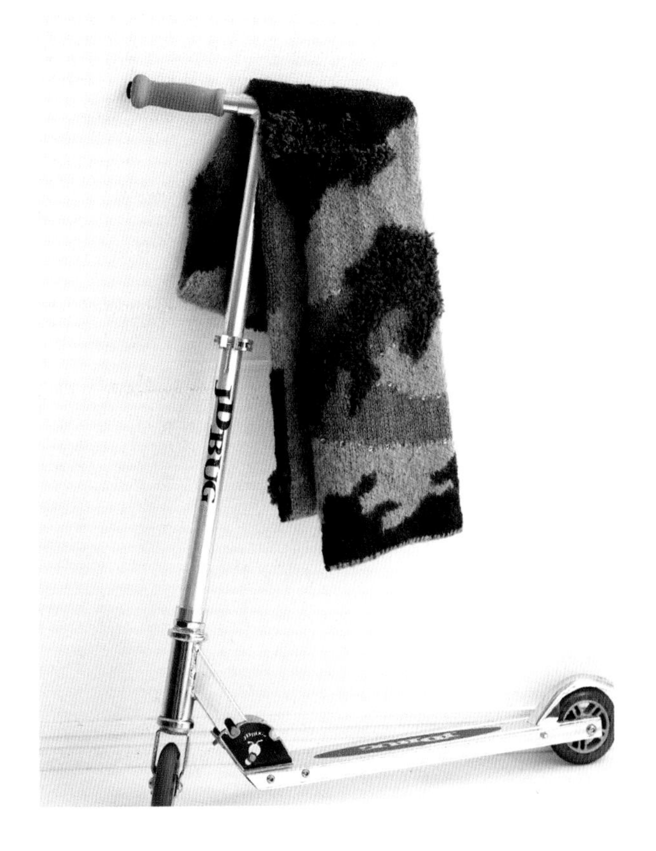
JDBUG

No. 11

迷彩围巾

与 p.24 相同花样的长围巾。双层的设计，更加柔软暖和。多围几圈便可营造出可爱的感觉。

编织方法 / p.70

用线 / PUPPY Julika Mohair
PUPPY British Eroica
PUPPY Primitivo

No. 12

蛋糕套头衫

最近十分热衷于编织可爱美味的食物图案，尝试着将一直想编织的蛋糕织入套头衫中。用刺绣手法来表现草莓籽和奶油的质感。

编织方法 / p.72

用线 / PUPPY Queen Anny
PUPPY Miroir<Perle>

顶部的草莓，
吃掉有点可惜，
就把它保存在毛衣上吧。

蛋糕小挎包

图案与 p.26 相同，用明亮的天蓝色衬托出草莓的红艳。
是一款充满视觉冲击感的小挎包。内衬使用了红色方格布。

编织方法 / p.76
用线 / PUPPY Queen Anny
PUPPY Miroir<Perle>

No. 13

暖乎乎的小猫，
只属于我的冬季蛰居时光。

No. 14

猫咪室内鞋

不经意间低头看，发现有只小猫，是不是特别有趣呢？抱着这样的思绪创作了这款室内鞋。完成后用缝针等工具将柔软的毛钩到表面，制造出毛茸茸的感觉。

编织方法 / p.78
用线 / HAMANAKA Rich More Elk
HAMANAKA Rich More Percent

b
a

草鸮围巾

把颇具人气的草鸮图案与围巾结合在一起的独特款式。身体部分用三角、锯齿和方块三种花样交错编织。采用轻量线材，即使有一定长度也能十分松软。

No. 15

编织方法 / p.82

用线 / DARUMA Wool Mohair
DARUMA GENMOU
DARUMA LOOP
DARUMA Sprout
DARUMA Soft Tam
DARUMA Fake Far

回想起在雪山中遇到的一只草鸮。
想象着它的模样，
一点点编织下去，
就成了长长的围巾。

波斯猫背心

尺寸稍长的背心上，织入了有长长绒毛的波斯猫图案。用缝针等工具将毛轻轻钩出，营造毛绒质感。底色则使用了漂亮的薰衣草紫。

编织方法 / p.79
用线 / PUPPY Queen Anny
PUPPY Primitivo

No. 16

在老家饲养过这样一只波斯猫。
常常竖着它那尖尖的耳朵，
到处游玩。

No. 17

犀牛开衫

特意将强壮勇猛的犀牛形象编织到可爱的粉色马海毛中，并且在犀牛的部分加入了金线。为了不遮挡图案，推荐使用透明的纽扣。

编织方法 / p.84
用线 / PUPPY Julika Mohair
PUPPY Kid Mohair fine
PUPPY Miroir<Perle>

10 000

p. 6, 7

[使用线材]

PUPPY Julika Mohair
蓝色（304）225g
白色（301）10g

PUPPY British Eroica
白色（125）20g
生成色（134）10g
米色（143）10g
米灰色（173）5g
炭灰色（159）3g

[工具]

2 根单头棒针 9 号、7 号
4 根双头棒针 7 号
钩针 9/0 号（缝合肩部用）

[编织密度（10cm×10cm）]

平针、提花花样 15 针 ×20 行

[完成尺寸]

胸围 106cm 衣长 56cm 袖长 77cm

[编织方法]

1. 使用一般起针法起针，编织单罗纹，在前后身片织入提花花样。
※ 采用纵向渡线法编织提花。
2. 在前后身片刺绣。
3. 使用一般起针法起针，编织单罗纹，平针编织袖子。
※ 采用纵向渡线法编织提花。
4. 肩部引拔缝合。
5. 单罗纹圈织领口，伏针收针。
6. 用针与行的缝合方法将袖子缝合到身片上。
7. 侧边挑针缝合。

※“制图的阅读方法”参考 p.88。

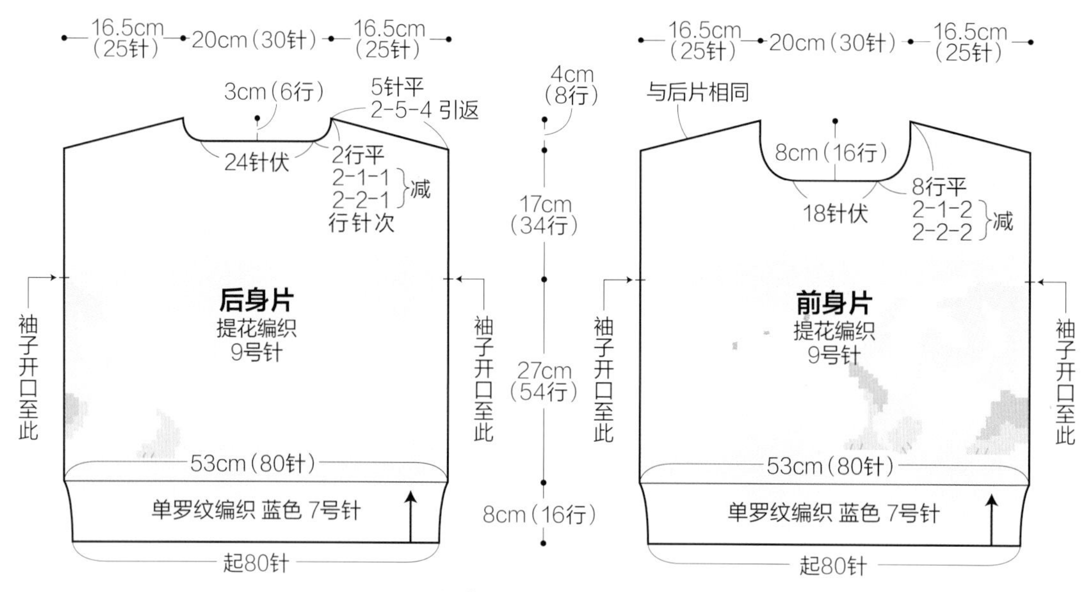

16.5cm（25针）
20cm（30针）
16.5cm（25针）
3cm（6行）
5针平
2-5-4 引返
24针伏
2行平
2-1-1
2-2-1
行针次
减
4cm（8行）
17cm（34行）
27cm（54行）
8cm（16行）
后身片
提花编织
9号针
袖子开口至此
53cm（80针）
单罗纹编织 蓝色 7号针
起80针
与后片相同
8cm（16行）
18针伏
8行平
2-1-2
2-2-2
减
前身片
提花编织
9号针
53cm（80针）
单罗纹编织 蓝色 7号针
起80针

※提花的配色参照编织图。

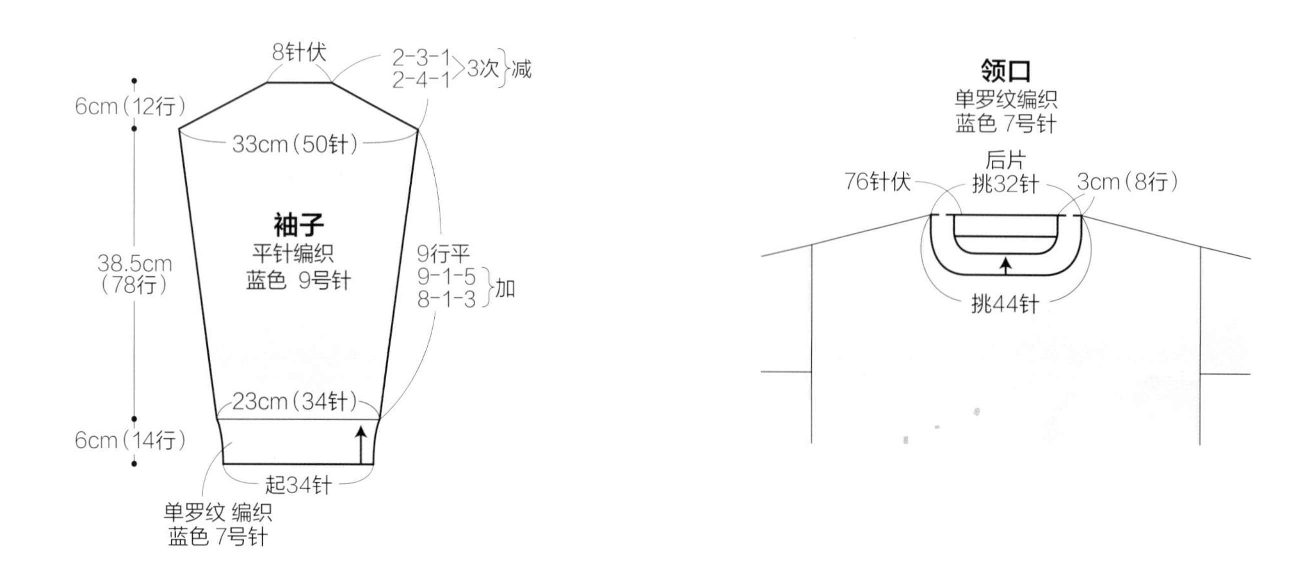

8针伏
2-3-1
2-4-1
3次
减
6cm（12行）
33cm（50针）
袖子
平针编织
蓝色 9号针
38.5cm（78行）
9行平
9-1-5
8-1-3
加
23cm（34针）
6cm（14行）
起34针
单罗纹 编织
蓝色 7号针
领口
单罗纹编织
蓝色 7号针
后片
挑32针
76针伏
3cm（8行）
挑44针

领口的编织图

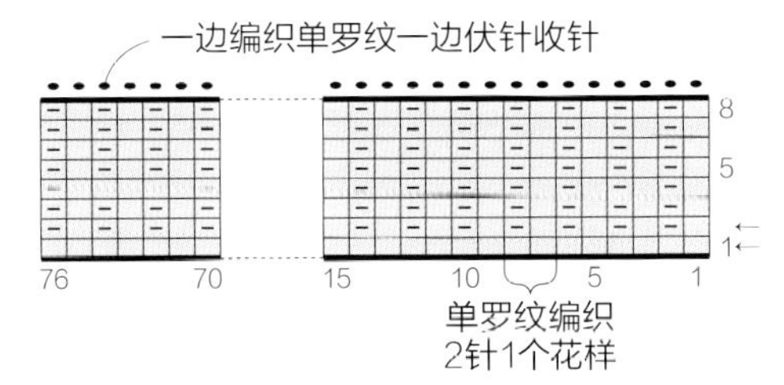

一边编织单罗纹一边伏针收针
8
5
1
76
70
15
10
5
1
单罗纹编织
2针1个花样

□ = Ⅰ 下针符号省略

ℓ = 扭加针

袖子的编织图

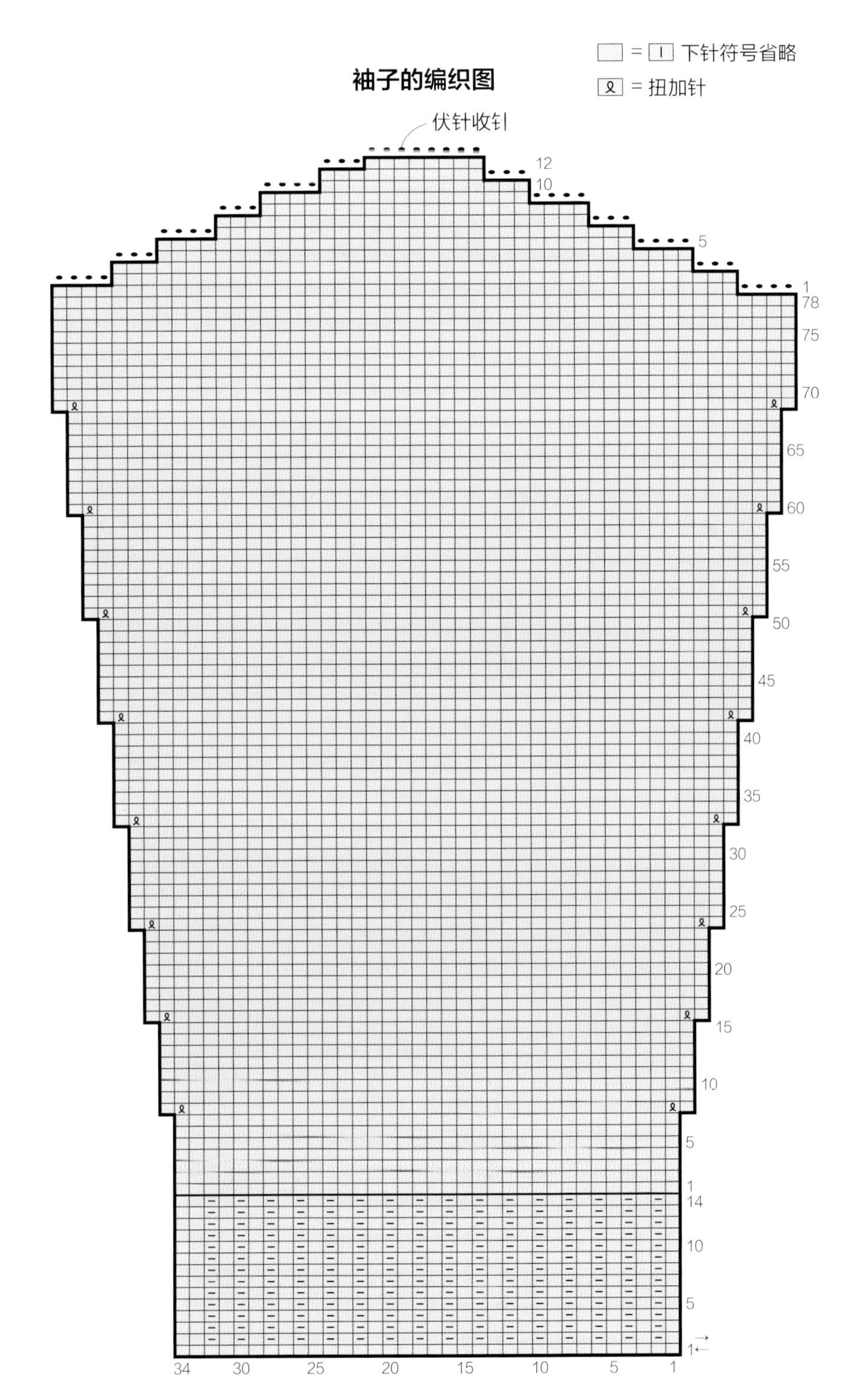

伏针收针
12
10
5
1
78
75
70
65
60
55
50
45
40
35
30
25
20
15
10
5
1
14
10
5
1
34
30
25
20
15
10
5
1

下转p.38

□ = 〔丨〕下针符号省略
□ = Julika Mohair 蓝色
□ = Julika Mohair 白色
□ = British Eroica 白色
□ = British Eroica 生成色
□ = British Eroica 米色
□ = British Eroica 米灰色
■ = British Eroica 炭灰色

※为了使提花图解看起来更清晰，图中用红线将10针×10行的方格进行了划分。

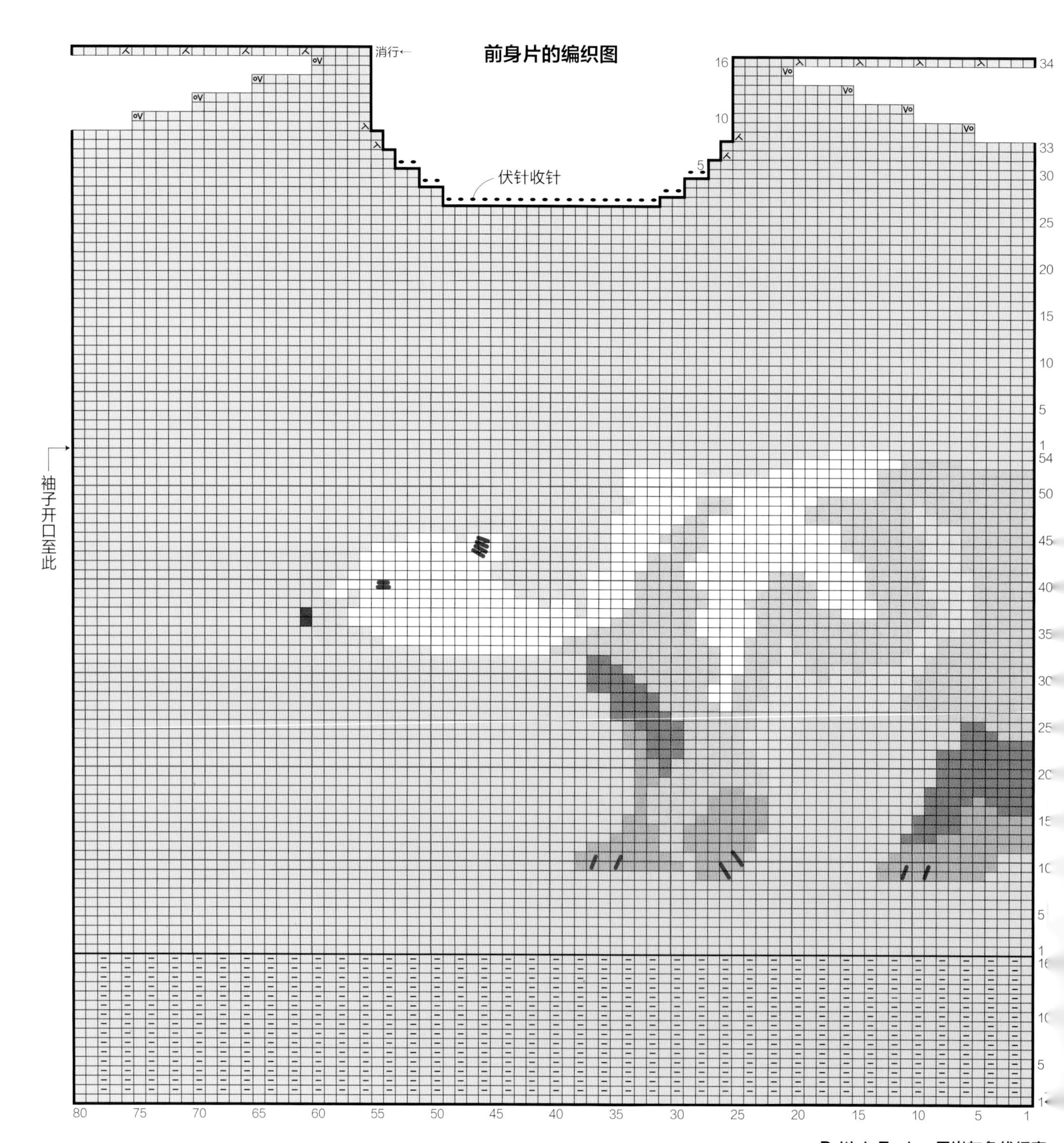

前身片的编织图
消行←
伏针收针
袖子开口至此
= British Eroica 用炭灰色线绣直

后身片的编织图

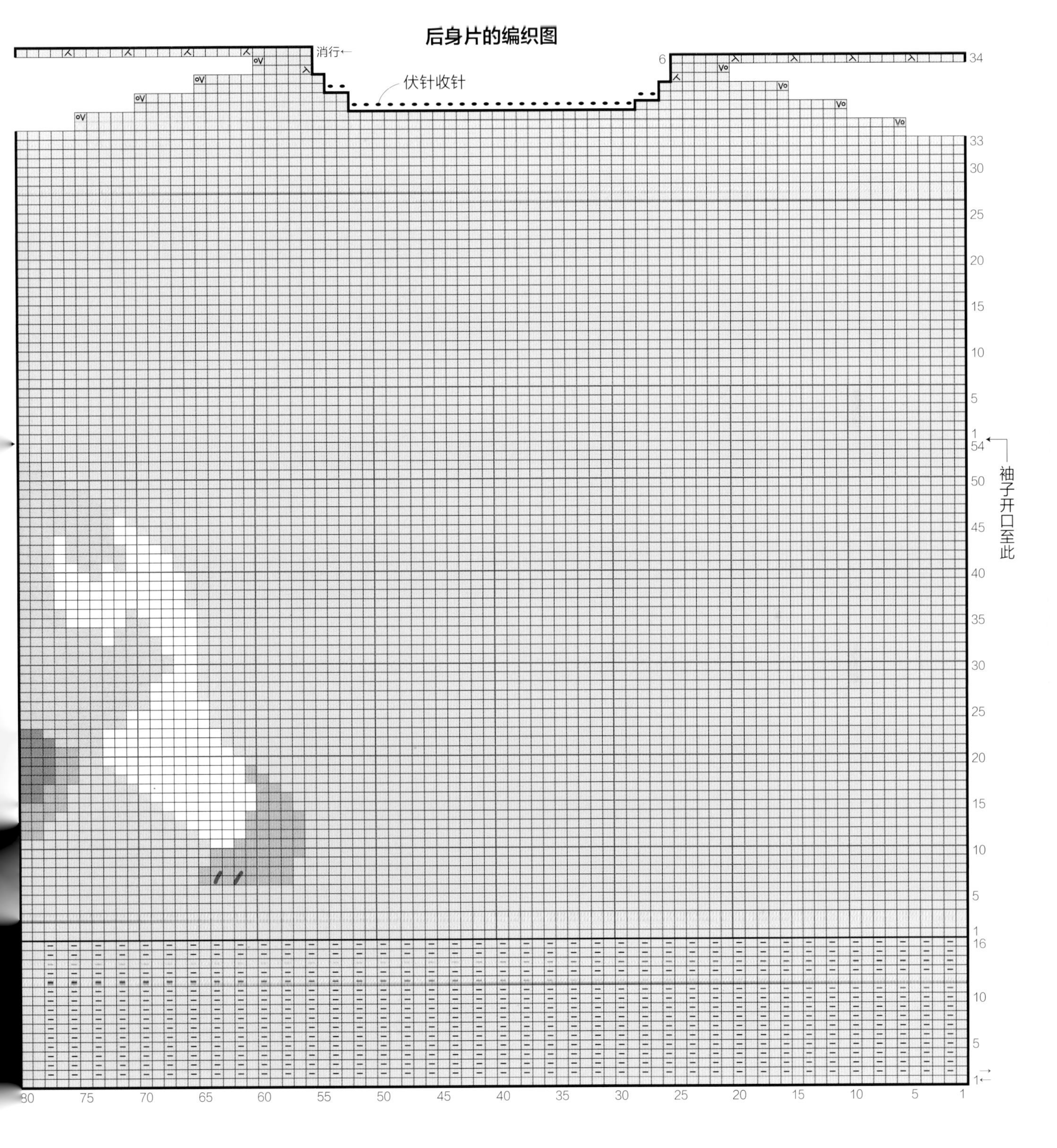

消行←
伏针收针
6
34
33
30
25
20
15
10
5
1
54
50
45
40
35
30
25
20
15
10
5
1
16
10
5
1
袖子开口至此
80
75
70
65
60
55
50
45
40
35
30
25
20
15
10
5
1

p. 8, 9

［ 使用线材 ］

a

PUPPY Julika Mohair

深灰色（308）255g

米色（302）45g

b

PUPPY Soft Donegal

浅灰色（5229）400g

PUPPY British Eroica

石榴红（168）20g

藏青色（101）15g

孔雀绿（184）15g

草绿色（197）15g

橘色（186）8g

棕色（161）5g

PUPPY Julika Mohair

黄色（306）5g

蓝色（304）8g

［ 工具 ］

2 根单头棒针 9 号、7 号

4 根双头棒针 7 号

钩针 9/0 号（缝合肩部、袖子用）

［ 编织密度（10cm×10cm）］

平针、提花花样

a 15 针 ×20 行

b 16 针 ×24 行

蓝字 = *a*
红字 = *b*
黑字 = 通用

［ 完成尺寸 ］

a 胸围 111cm 肩背宽 44.5cm 衣长 62cm 袖长 53cm

b 胸围 104cm 肩背宽 42cm 衣长 57.5cm 袖长 49.5cm

［ 编织方法 ］

1. 使用一般起针法起针，*a* 编织单罗纹下摆，*b* 编织花样下摆，接着在前后身片织入提花花样。
2. 使用一般起针法起针，*a* 编织单罗纹袖口，*b* 编织花样袖口，接着在左袖织入提花花样，右袖编织平针。

※ 采用纵向渡线法编织提花。

3. 肩部引拔缝合。
4. 侧边和袖下挑缝缝合。
5. *a* 领口圈织单罗纹，*b* 领口圈织花样，伏针收针。
6. 用引拔缝合的方法将袖子缝合到身片上。

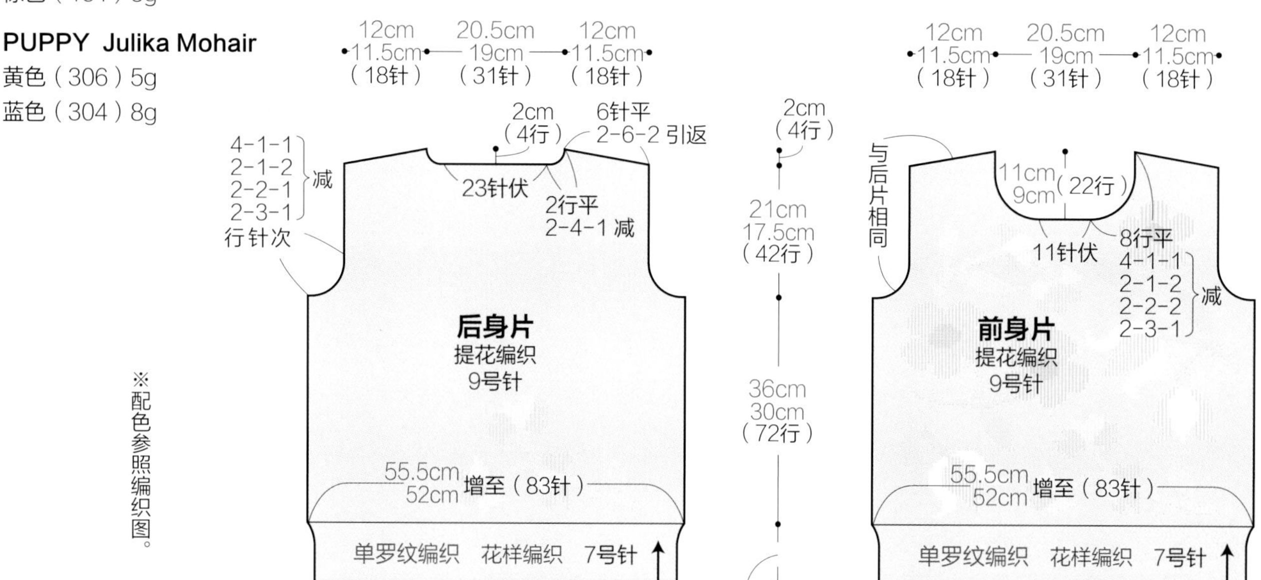

※配色参照编织图。
12cm
11.5cm
（18针）
20.5cm
19cm
（31针）
2cm
（4行）
6针平
2-6-2 引返
4-1-1
2-1-2
2-2-1
2-3-1
行针次
减
23针伏
2行平
2-4-1 减
后身片
提花编织
9号针
55.5cm
52cm
增至（83针）
单罗纹编织 花样编织 7号针
起 82针 80针
21cm
17.5cm
（42行）
36cm
30cm
（72行）
3cm（6行）
8cm（20行）
与后片相同
11cm
9cm
（22行）
11针伏
8行平
4-1-1
2-1-2
2-2-2
2-3-1
减
前身片
提花编织
9号针

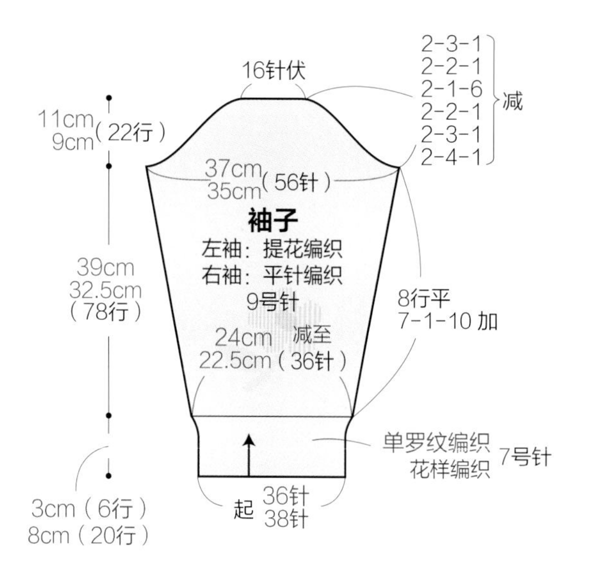

16针伏
2-3-1
2-2-1
2-1-6
2-2-1
2-3-1
2-4-1
减
11cm
9cm
（22行）
37cm
35cm
（56针）
袖子
左袖：提花编织
右袖：平针编织
9号针
39cm
32.5cm
（78行）
8行平
7-1-10 加
24cm
22.5cm
减至（36针）
单罗纹编织
花样编织
7号针
3cm（6行）
8cm（20行）
起 36针 38针

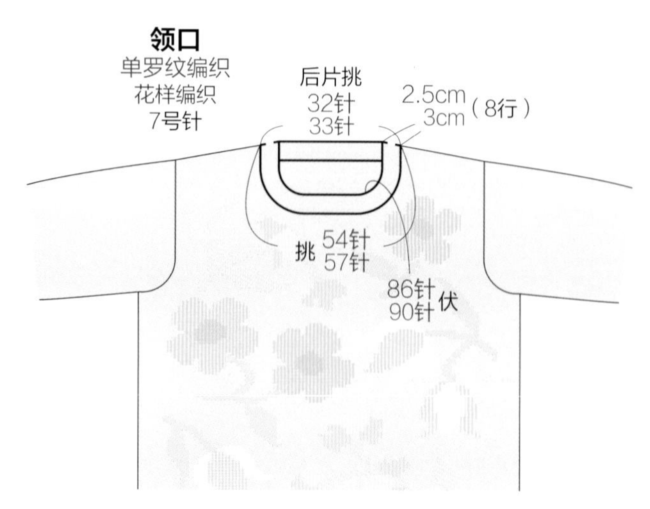

领口
单罗纹编织
花样编织
7号针
后片挑
32针
33针
2.5cm
3cm
（8行）
挑 54针 57针
86针
90针
伏

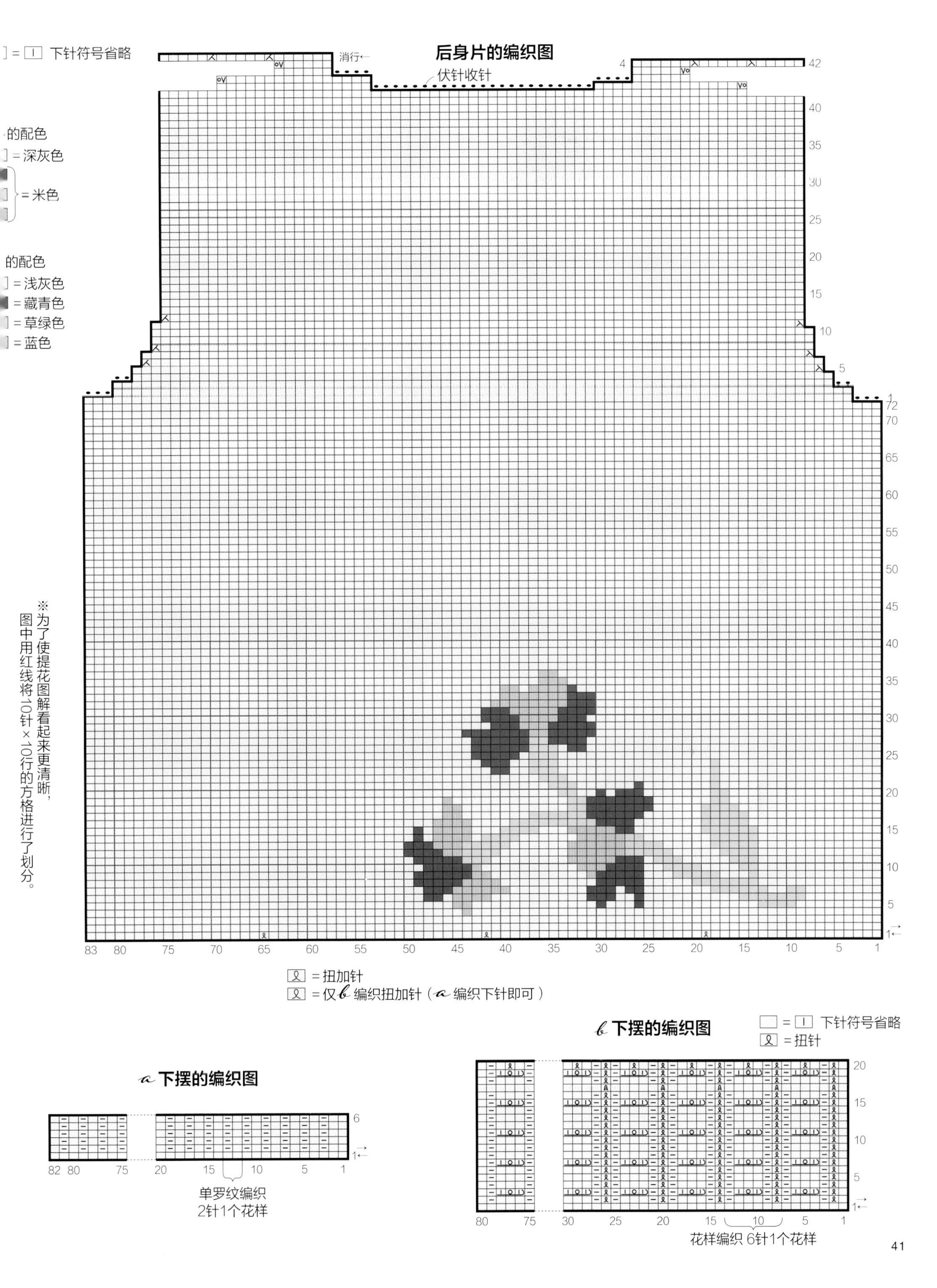

= 下针符号省略
后身片的编织图
消行
伏针收针
的配色
= 深灰色
= 米色
的配色
= 浅灰色
= 藏青色
= 草绿色
= 蓝色
※为了使提花图解看起来更清晰，图中用红线将10针×10行的方格进行了划分。
= 扭加针
= 仅b编织扭加针（a编织下针即可）
a 下摆的编织图
单罗纹编织 2针1个花样
b 下摆的编织图
= 下针符号省略
= 扭针
花样编织 6针1个花样

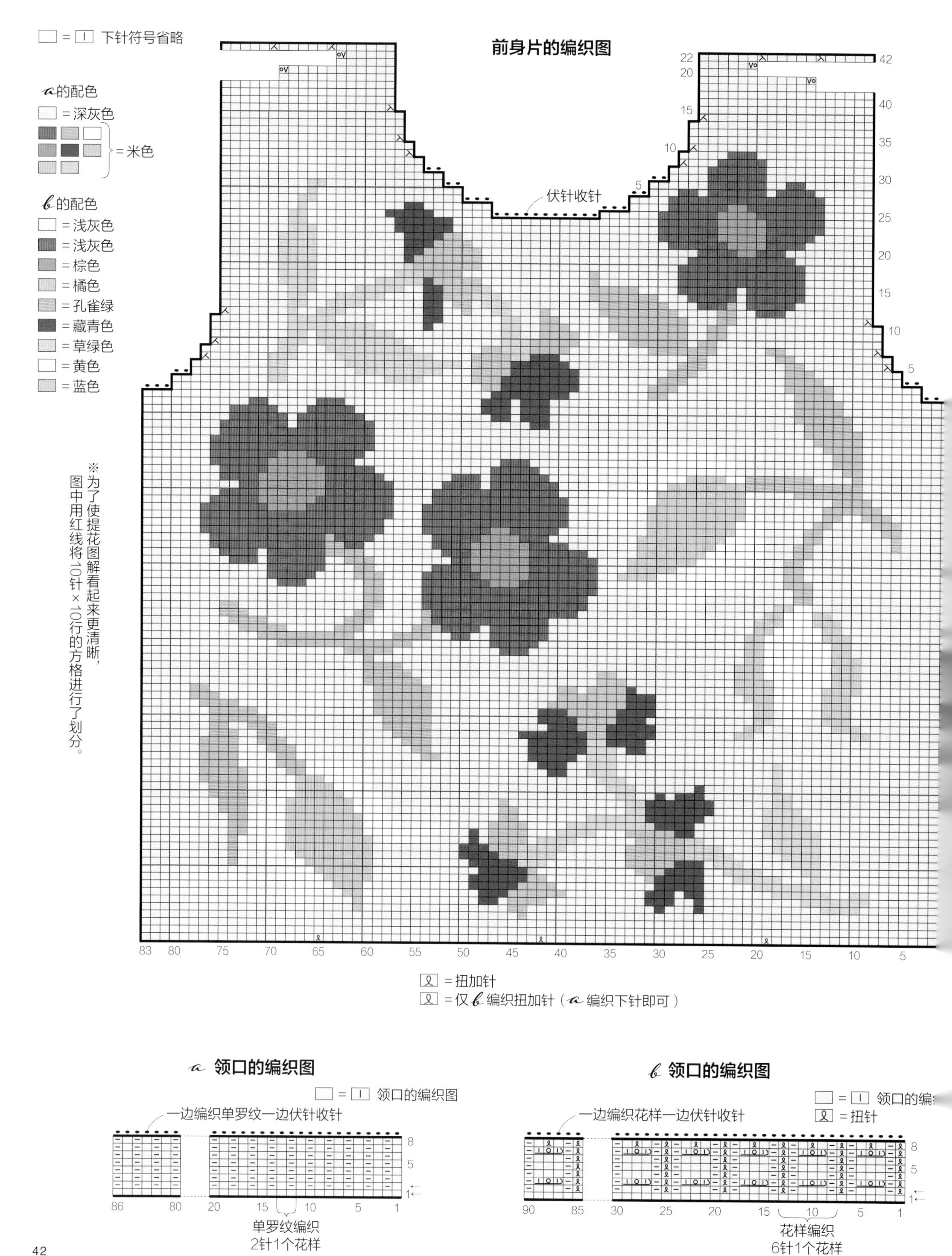

= 下针符号省略
a的配色
= 深灰色
= 米色
b的配色
= 浅灰色
= 浅灰色
= 棕色
= 橘色
= 孔雀绿
= 藏青色
= 草绿色
= 黄色
= 蓝色
前身片的编织图
伏针收针
※为了使提花图解看起来更清晰，图中用红线将10针×10行的方格进行了划分。
= 扭加针
= 仅b编织扭加针（a编织下针即可）
a 领口的编织图
= 领口的编织图
一边编织单罗纹一边伏针收针
单罗纹编织
2针1个花样
b 领口的编织图
= 扭针
一边编织花样一边伏针收针
花样编织
6针1个花样

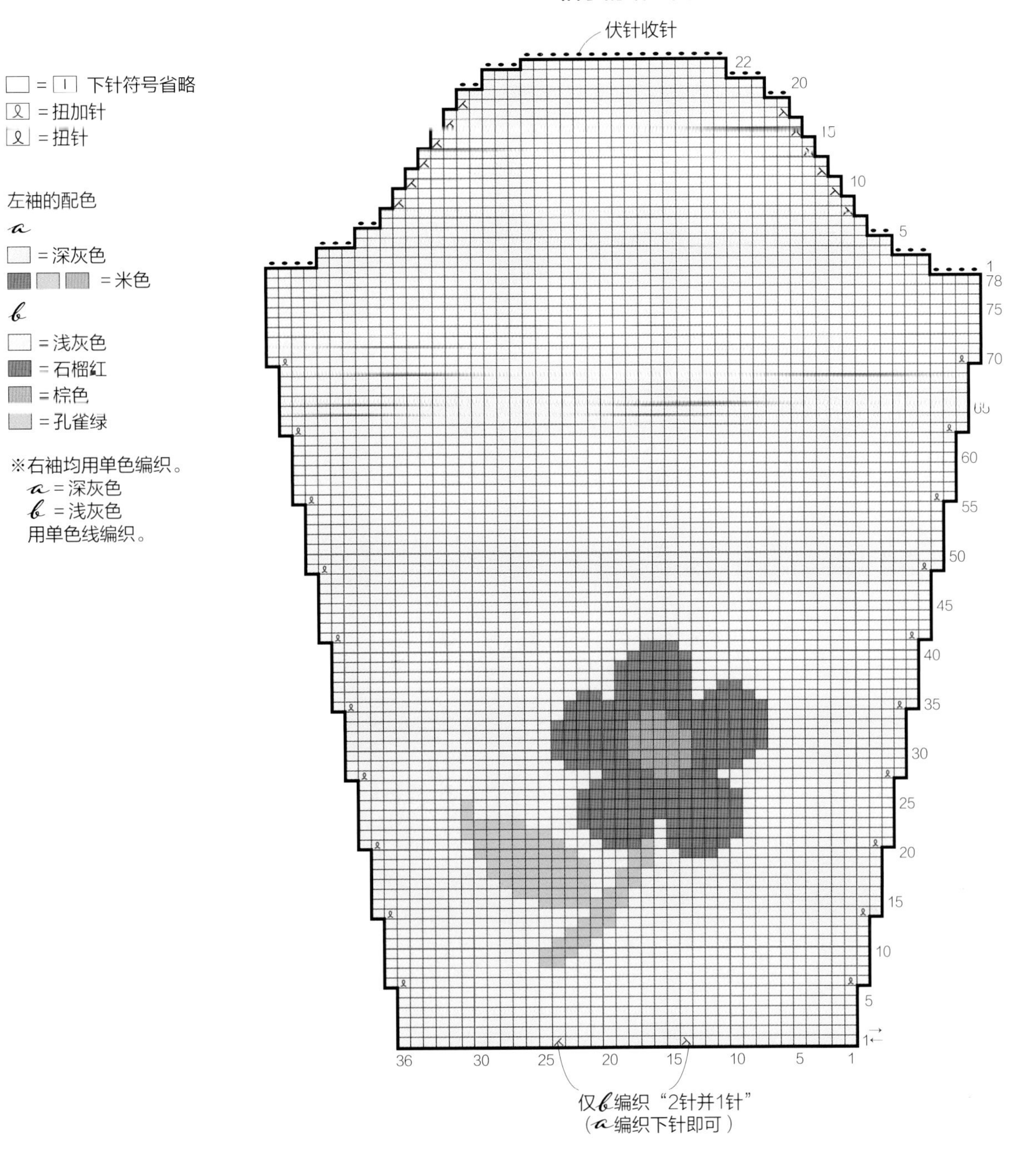
袖子的编织图
伏针收针
□ = Ⅰ 下针符号省略
= 扭加针
= 扭针
左袖的配色
a
= 深灰色
= 米色
b
= 浅灰色
= 石榴红
= 棕色
= 孔雀绿
※右袖均用单色编织。
a = 深灰色
b = 浅灰色
用单色线编织。
仅b编织“2针并1针”
（a编织下针即可）

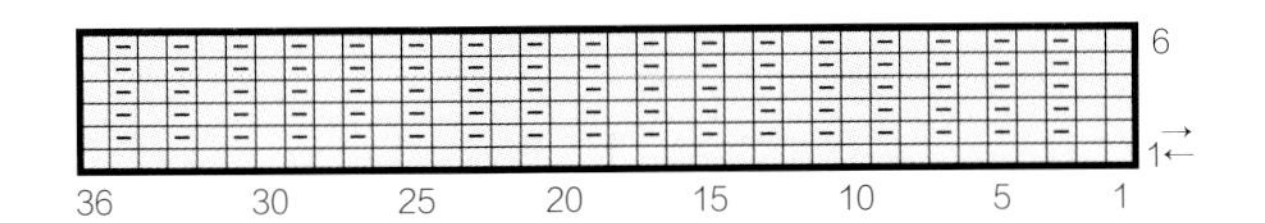
a 袖口的编织图

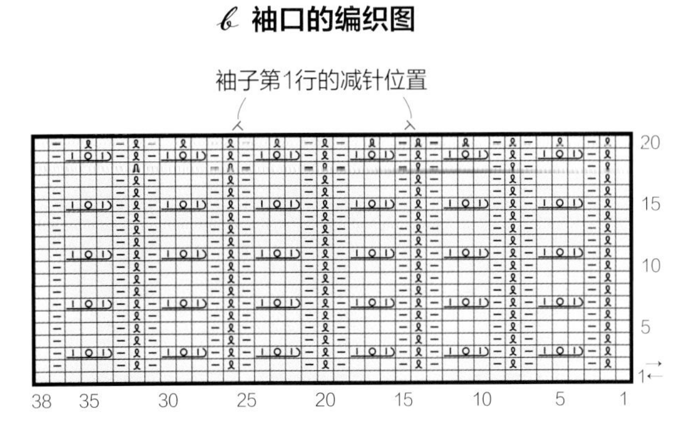
b 袖口的编织图
袖子第1行的减针位置

提花的编织方法（纵向渡线法）

□ = □ 下针符号省略

□ = 浅灰色
■ = 藏青色
□ = 草绿色
□ = 蓝色

※为了使提花图解看起来更清晰，图中用红线将10针×10行的方格进行了划分。

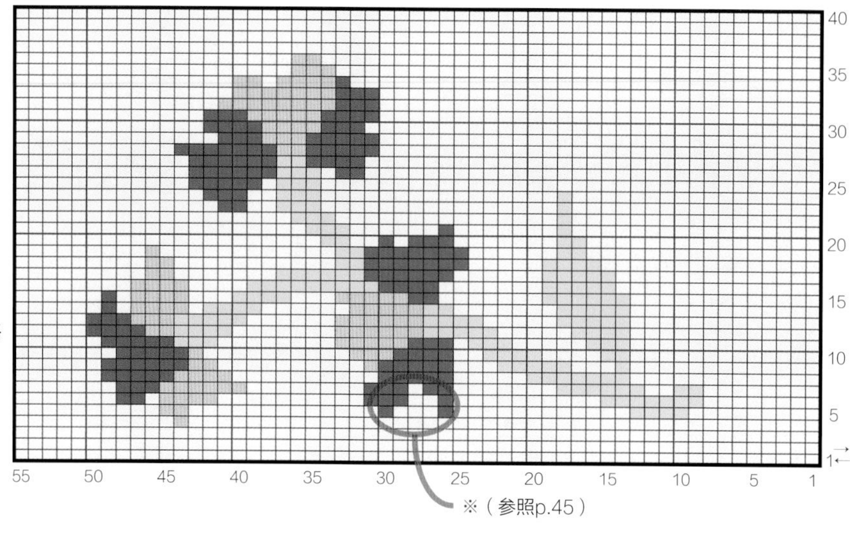

40
35
30
25
20
15
10
5
1
55
50
45
40
35
30
25
20
15
10
5
1
※（参照p.45）

第4行

1／ 织到换线前一针，将正在编织的线（浅灰色）制作成线团，暂时休针不织。

线团的制作方法

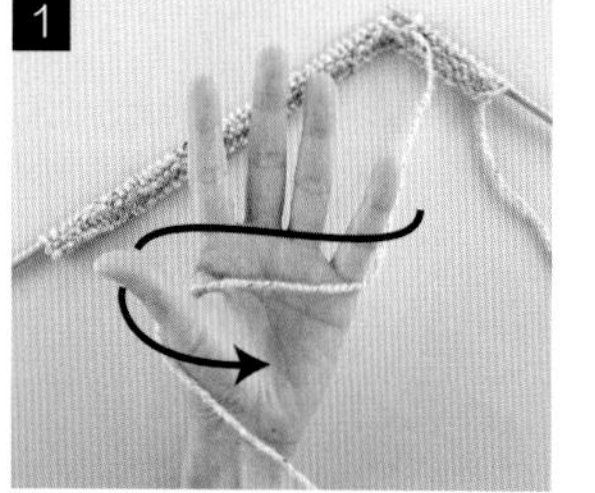
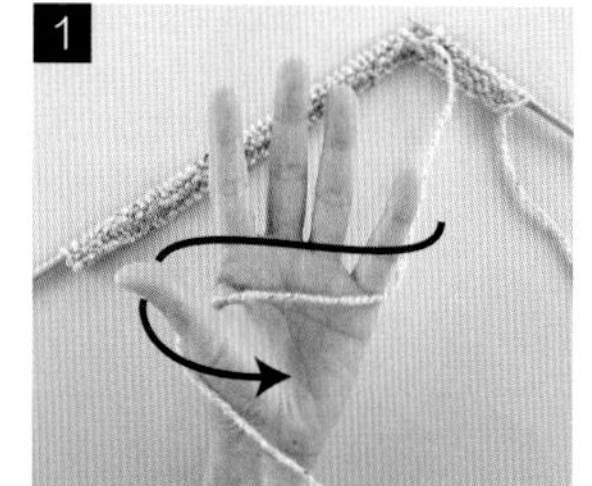

1

如图在拇指上绕线。

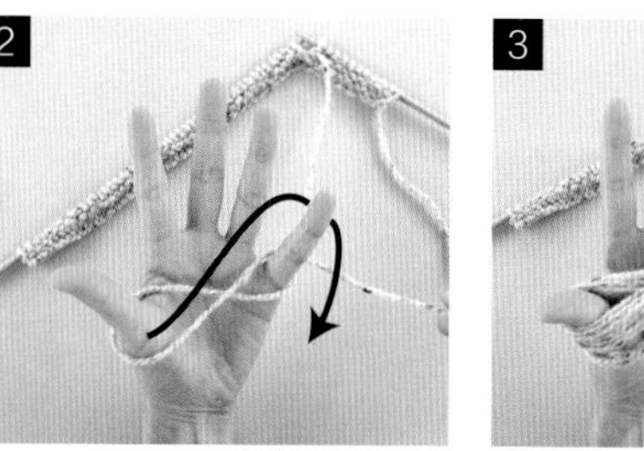

2

在小指上绕8字挂线。

3

重复步骤1~2，绕20~30次后断线。

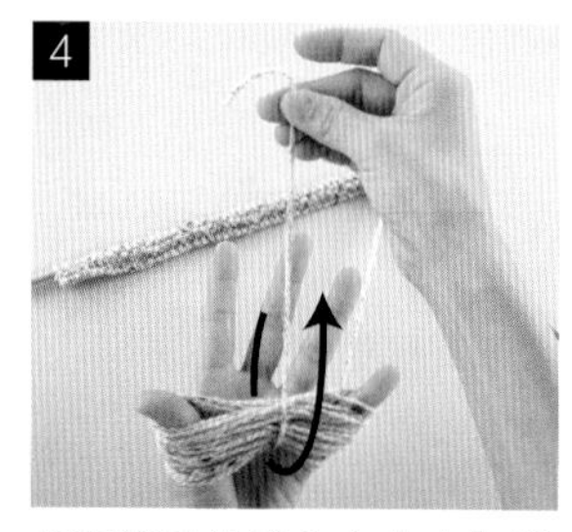

4

将断线后的线头在中央绕线2~3次。

5

取出线团，将线头穿入中央拉紧。

6

线团制作完成。

2／ 用蓝色线编织1针，参照步骤1制作好线团后休针。

3／ 剩下的针用新的浅灰色线团编织。第4行编织完成。

第5行

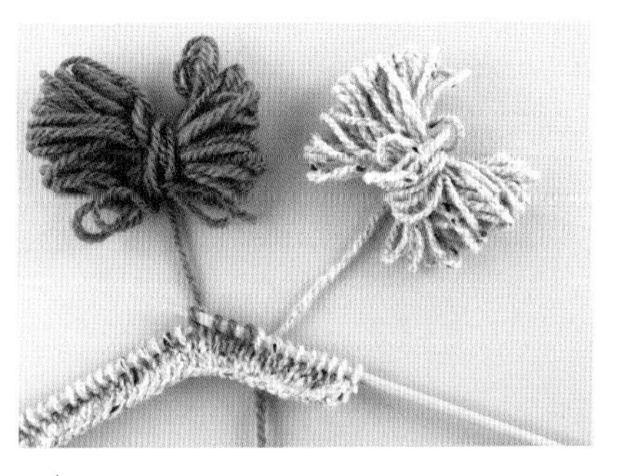

1 参照编织图，按照与第4行同样的方法，换线、制作线球、休针。

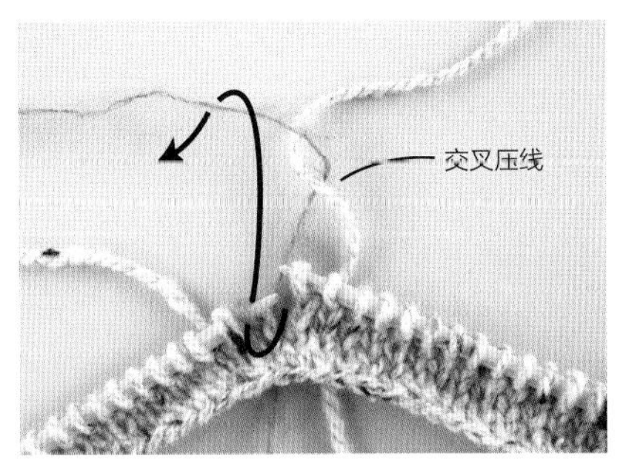
交叉压线

2 要使用已做好线团的线换色的时候，如图所示与正在编织的线交叉压线后再织下针。

第6行

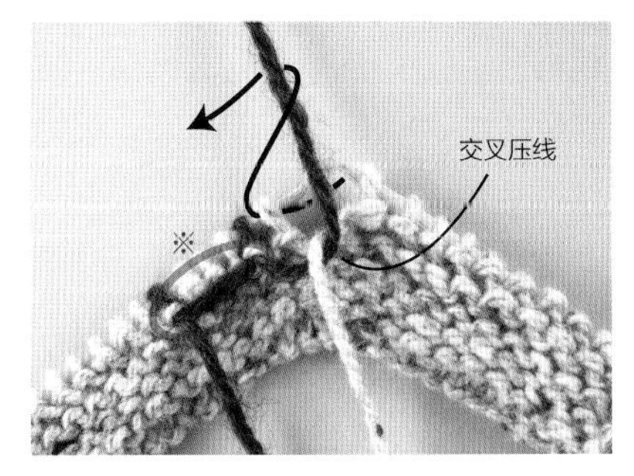
交叉压线
※

1 在反面编织需要换线的时候，也如图所示，将正在编织的线与将要编织的线交叉压线，再织上针。

2 第6行编织完成。

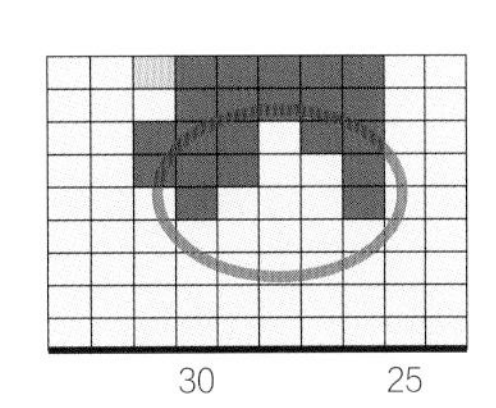
30
25

※ 本作品中的提花花样，大部分都按照“纵向渡线法”来编织，当遇到如左图中◯内渡线针数较少，图案尖端越来越细的情况下，按照“横向渡线法（p.49）”编织亦可。

第7行之后

第7行之后也按照同样的方法，遇到换色，一边交叉压线一边编织。反面如图所示，换色部分针的渡线呈纵向。

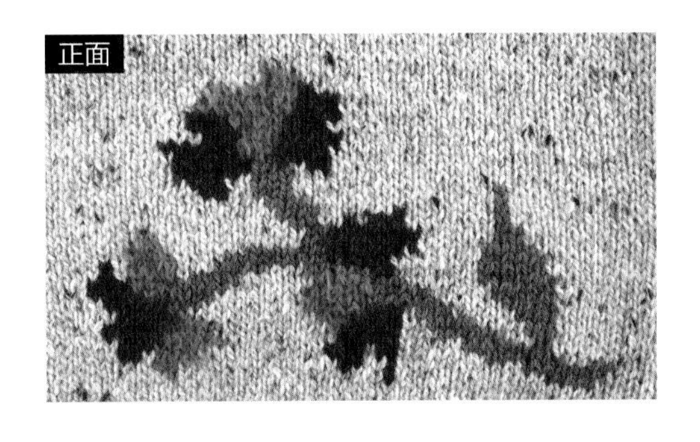
正面

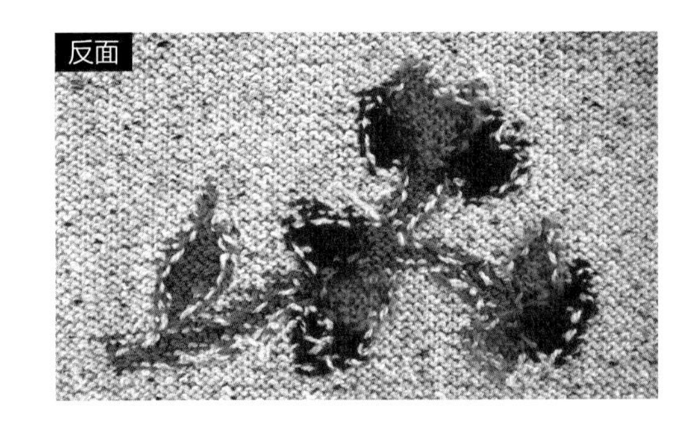
反面

线头的处理方法

采用“纵向渡线法”编织，反面会留下很多线头。需用缝针依次将每根线头收进织片里。

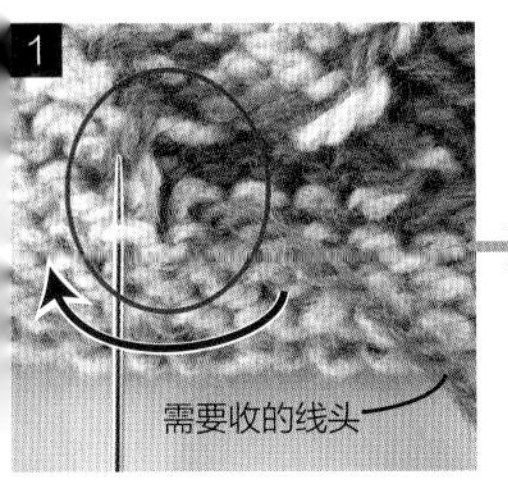
1
需要收的线头

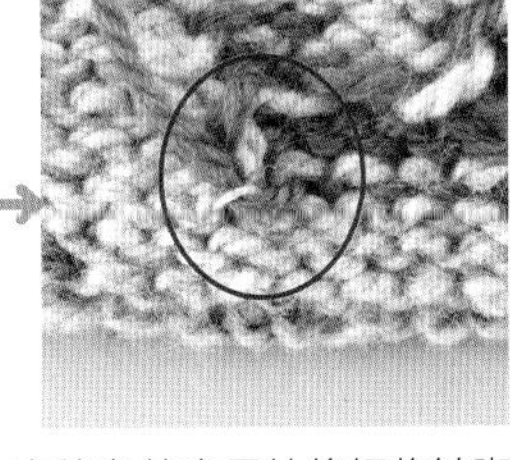

线头穿入缝针，如图所示，在换色的交界处将相临针脚的线劈开，线头穿入缝隙中。
※注意入针时不要穿到织物正面。

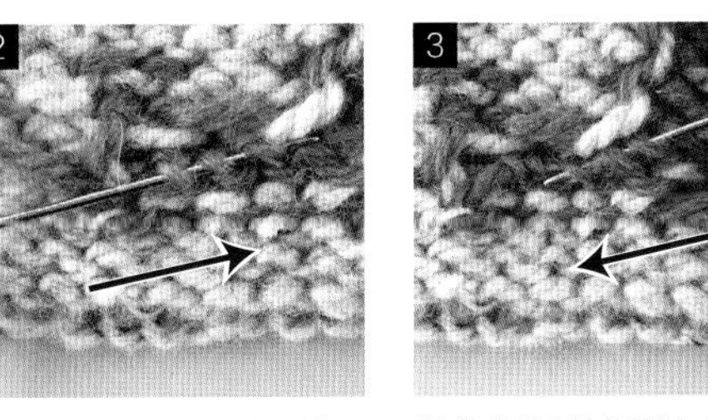
2
3

紧接着用缝针劈开附近的同色线，将线头藏入其中。

顺着步骤2的相反方向，再藏一次线头。

4

剪断线头。

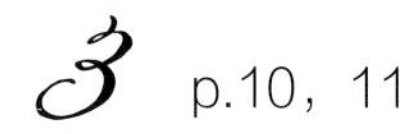

p.10，11

[使用线材]

PUPPY British Fine

紫色（027）100g

木纹茶色（024）15g

米色（021）15g

黄色（035）4g

[工具]

2 根单头棒针 3 号、1 号

4 根双头棒针 1 号

钩针 3/0 号（缝合肩部用）

[编织密度（10cm×10cm）]

平针、提花花样 27 针 ×30 行

[完成尺寸]

胸围 88cm 肩背宽 30cm 衣长 50cm

[编织方法]

1. 使用一般起针法起针，编织后身片的双罗纹和平针。
2. 使用一般起针法起针，编织前身片的双罗纹、平针和提花花样。

※ 采用横向渡线法编织提花，但在与平针的交界处采用纵向渡线法编织。

3. 在前身片刺绣。
4. 肩部引拔缝合，侧边挑缝缝合。
5. 领口和袖口圈织双罗纹，伏针收针。

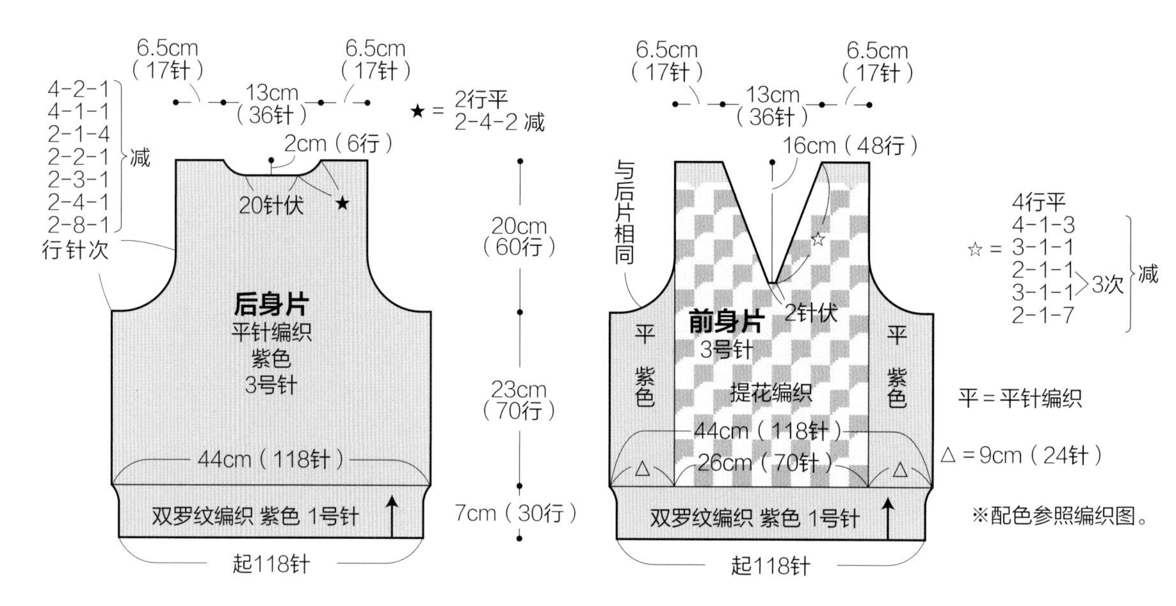

6.5cm（17针）
13cm（36针）
6.5cm（17针）
4-2-1
4-1-1
2-1-4
2-2-1
2-3-1
2-4-1
2-8-1
行针次
减
★ = 2行平 2-4-2 减
2cm（6行）
20针伏
后身片
平针编织
紫色
3号针
20cm（60行）
23cm（70行）
44cm（118针）
双罗纹编织 紫色 1号针
7cm（30行）
起118针
16cm（48行）
与后片相同
2针伏
前身片
3号针
提花编织
平
紫色
44cm（118针）
26cm（70针）
△
4行平
4-1-3
☆ = 3-1-1
2-1-1
3-1-1
2-1-7
3次
减
平 = 平针编织
△ = 9cm（24针）
※配色参照编织图。

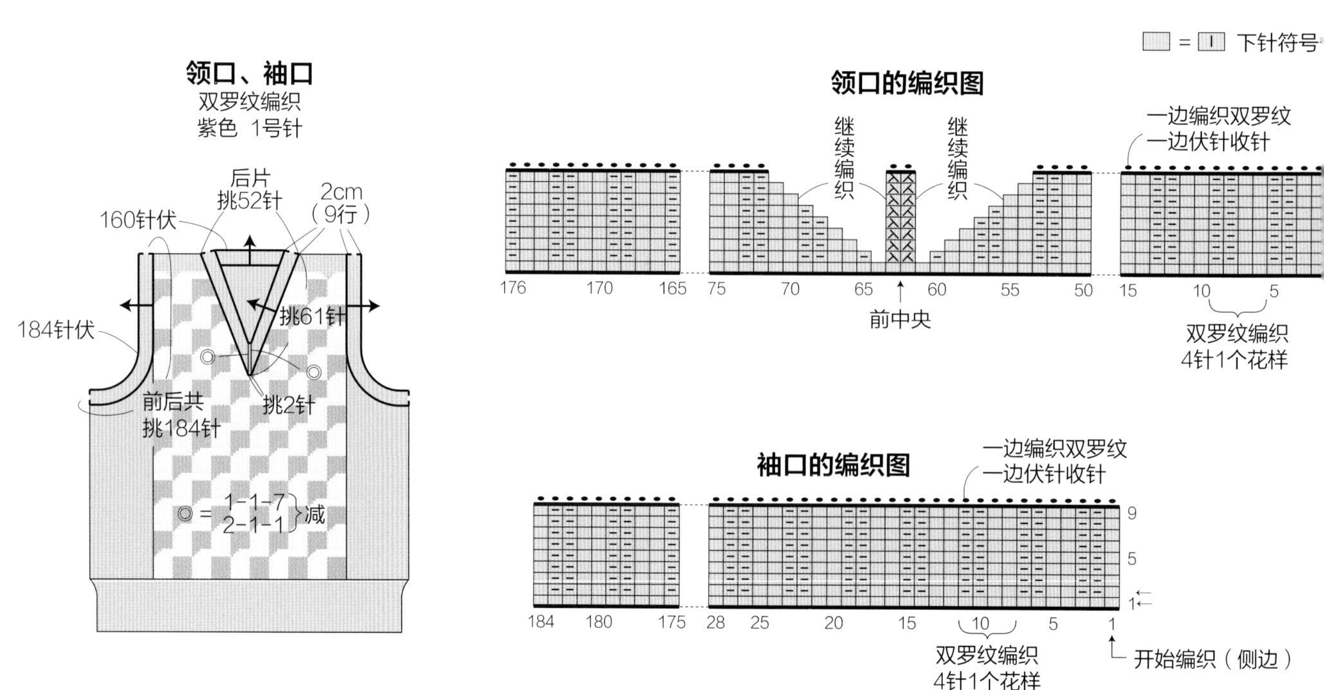

□ = ⊟ 下针符号
领口、袖口
双罗纹编织
紫色 1号针
后片
挑52针
2cm（9行）
160针伏
184针伏
挑61针
前后共
挑184针
挑2针
◎ = 1-1-7
2-1-1
减
领口的编织图
继续编织
一边编织双罗纹
一边伏针收针
176
170
165
75
70
65
60
55
50
15
10
5
前中央
双罗纹编织
4针1个花样
袖口的编织图
一边编织双罗纹
一边伏针收针
9
5
1
184
180
175
28
25
20
15
10
5
1
双罗纹编织
4针1个花样
开始编织（侧边）

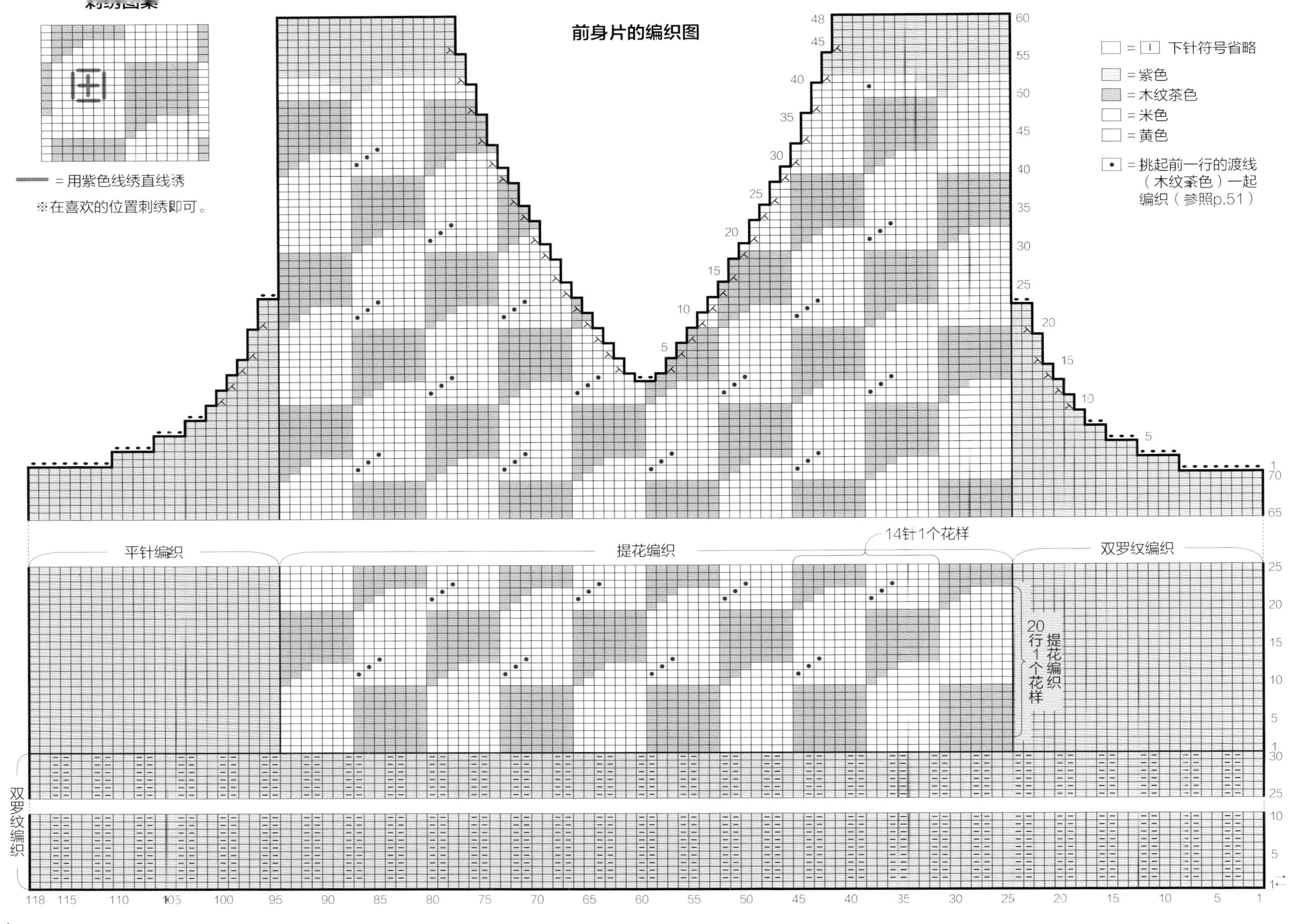
前身片的编织图
刺绣图案
= 用紫色线绣直线绣
※在喜欢的位置刺绣即可。
= 下针符号省略
= 紫色
= 木纹茶色
= 米色
= 黄色
= 挑起前一行的渡线（木纹茶色）一起编织（参照p.51）
平针编织
提花编织
14针1个花样
双罗纹编织
20行1个花样
提花编织
双罗纹编织
118 115 110 105 100 95 90 85 80 75 70 65 60 55 50 45 40 35 30 25 20 15 10 5 1

后身片的编织图

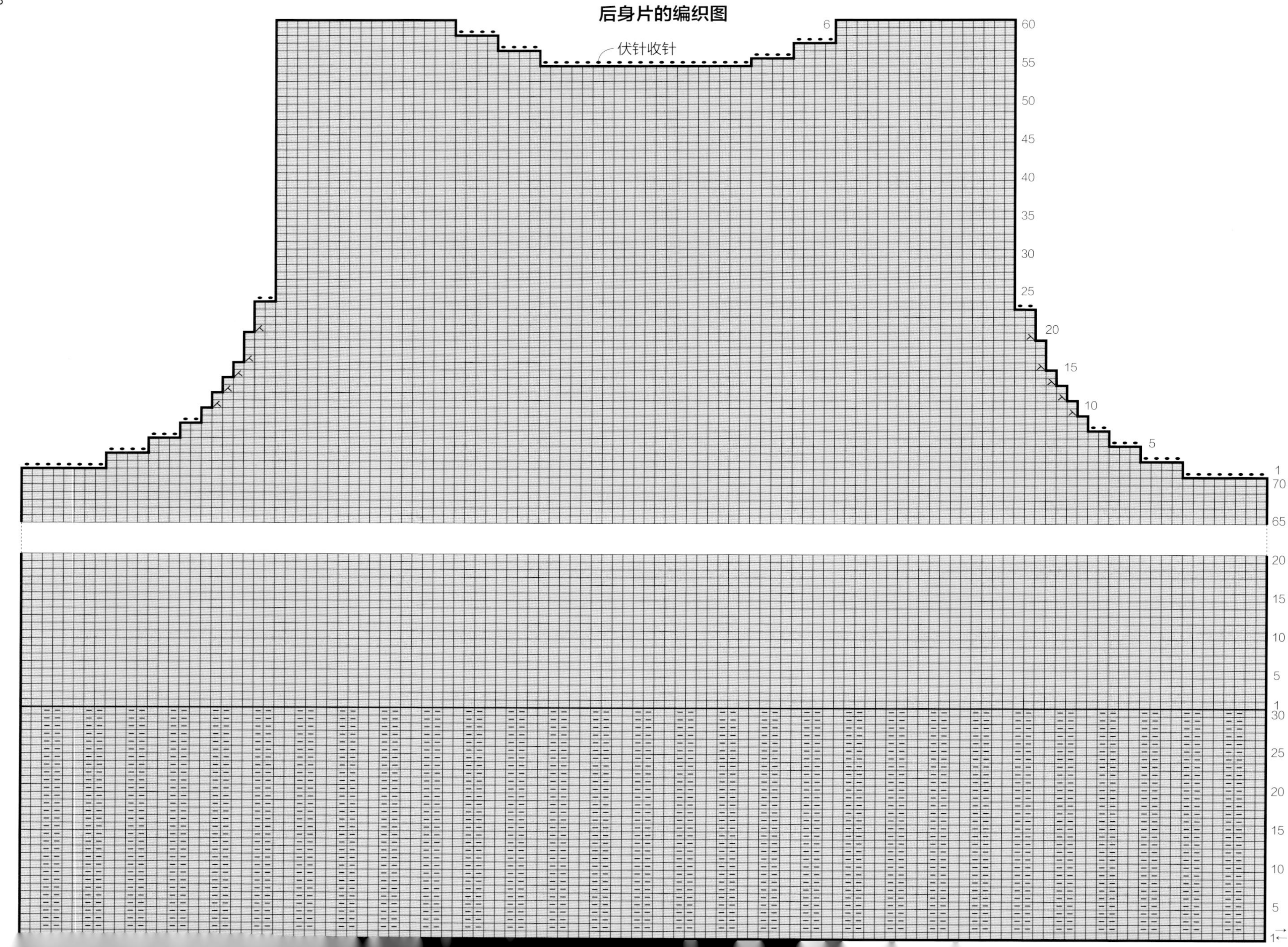
伏针收针

提花的编织方法（横向渡线法）

□ = ⊡ 下针符号省略

▨ = A色

▩ = B色

□ = C色

□ = D色

⊡ = 挑起前一行的渡线（B色）一起编织（参照p.51）

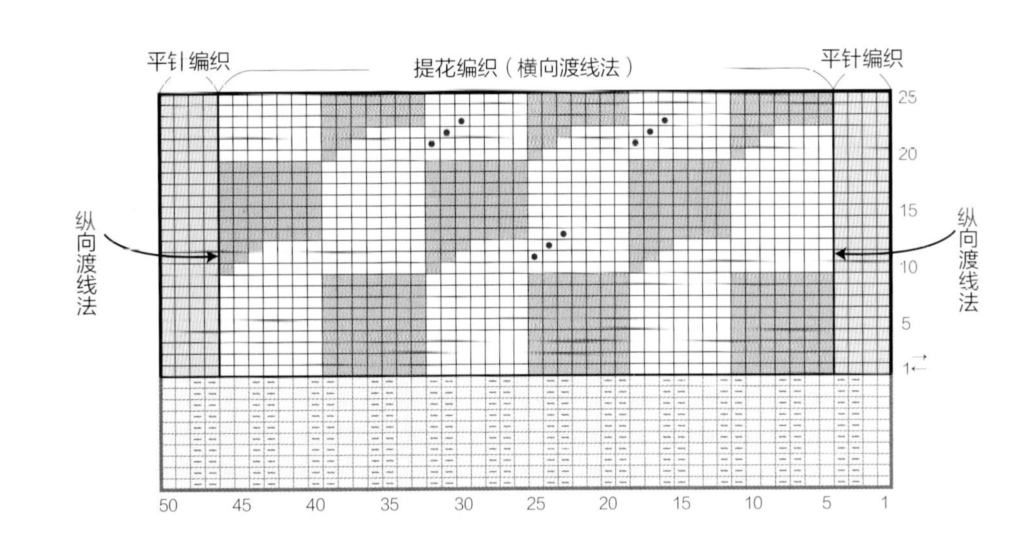

平针编织
提花编织（横向渡线法）
平针编织
纵向渡线法
纵向渡线法
25
20
15
10
5
1
50
45
40
35
30
25
20
15
10
5
1

前身片采用“横向渡线法”编织提花，但在与平针的交界处则采用“纵向渡线法”。

第1行

※为了便于理解，采用与作品不同的线材进行说明。

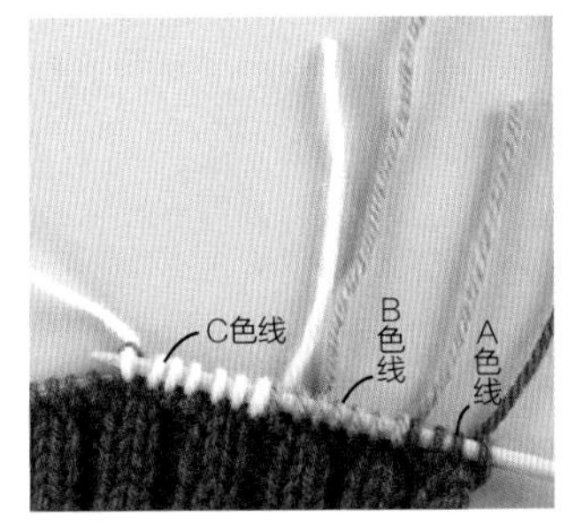

C色线
B色线
A色线

1 参照编织图，依次编织相应针数的A~C色。

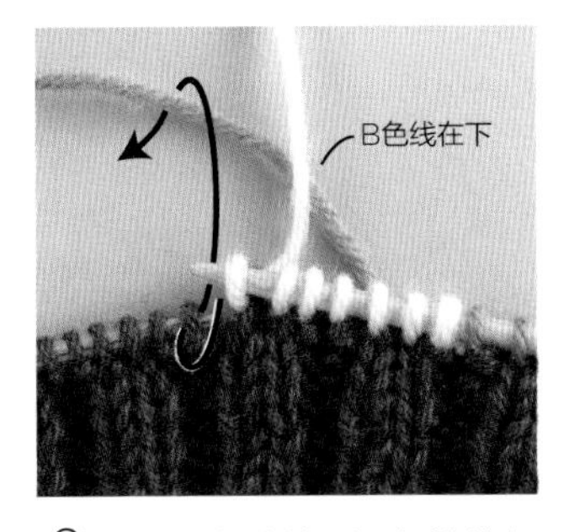

B色线在下

2 从C色线换到B色线编织时，将B色线从C色线下方渡线。

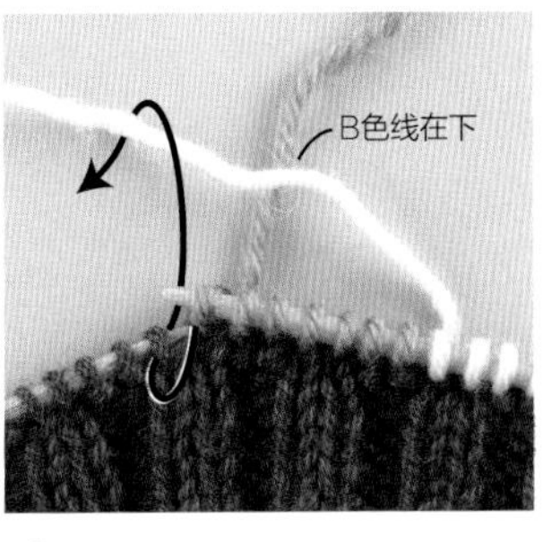

B色线在下

3 从B色线换到C色线编织时，将C色线从B色线上方渡线。重复步骤2~3。

4 最后换新的A色线团编织4针。

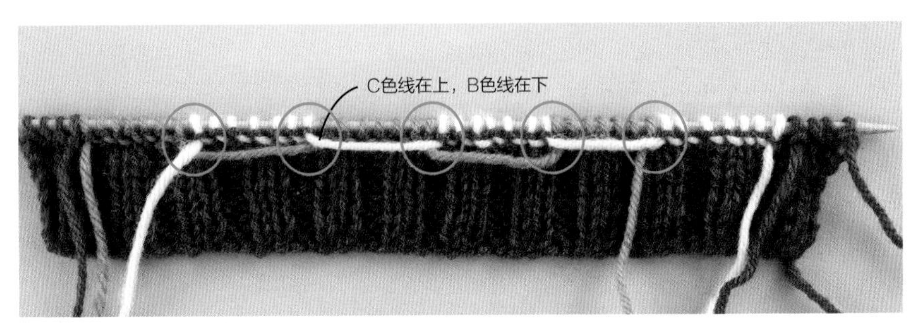

C色线在上，B色线在下

5 第1行编织完成。从反面看，渡线如图呈现B色线在下，C色线在上的状态。
※宽松地带线，防止渡线过紧起皱。

第2行

交叉压线

1 使用A色线编织上针后，换C色线编织。此时，将正在编织的线与将要编织的线如图交叉压线后再进行编织。
※纵向渡线法→参照p.44。

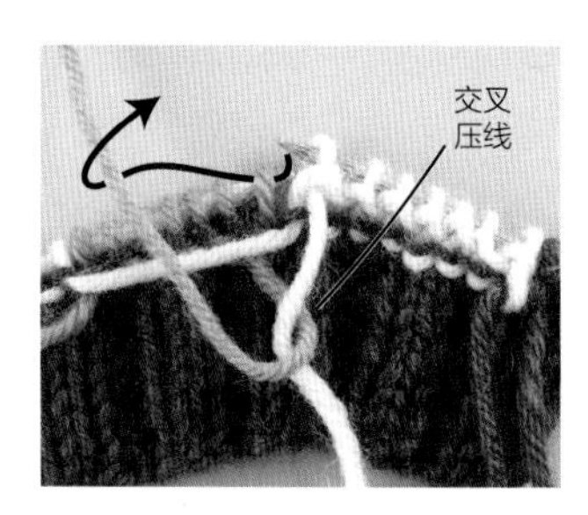
交叉
压线

2/ 从C色线换成B色线时，如图交叉压线后再进行编织。

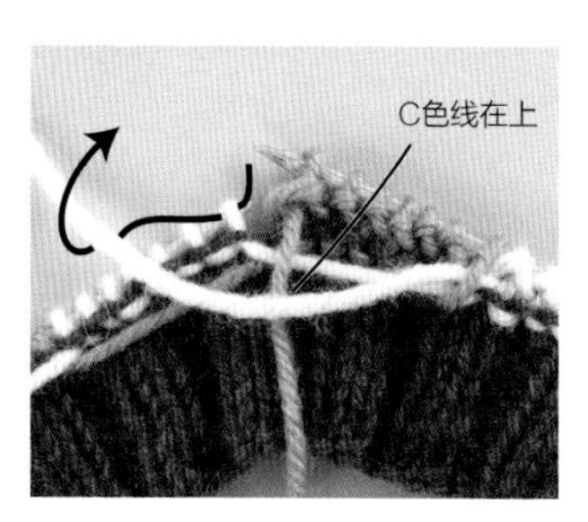
C色线在上

3/ 从B色线换到C色线编织时，将C色线从B色线上方渡线。

B色线在下

4/ 从C色线换到B色线编织时，将B色线从C色线下方渡线。

交叉
压线

5/ 换成A色线时，如图交叉压线后再进行编织。

※纵向渡线法→参照p.44。

（第3~9行）

正面

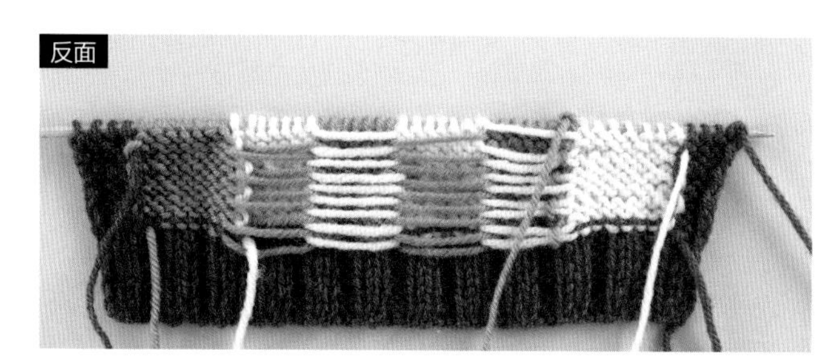
反面

与第1~2行的方法相同，遇到换色，按照B色线在下、C色线在上的规律渡线编织。第9行编织完成。

（第10行）

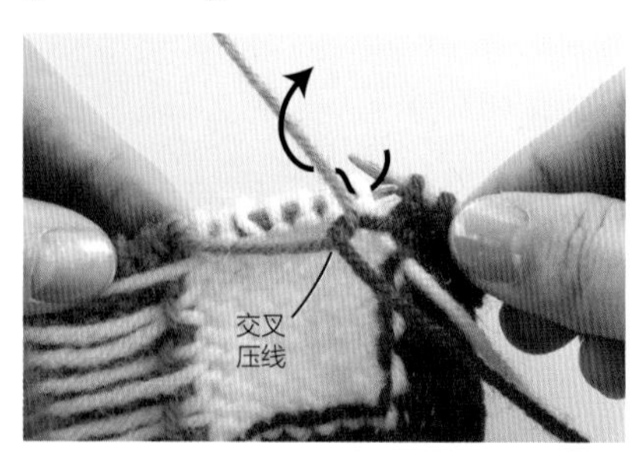
交叉
压线

1/ 在A色线之后编织B色线。如图在交界处将B色线与A色线交叉，编织1针上针。

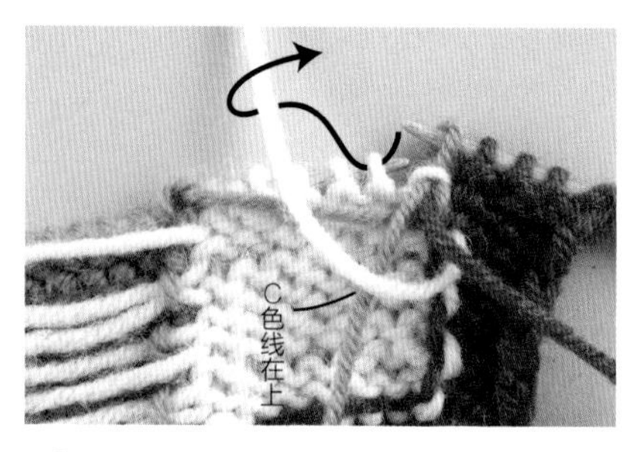
C色线在上

2/ 接着编织C色线，从B色线上方渡线。

3/ 用C色线编织5针后的样子。

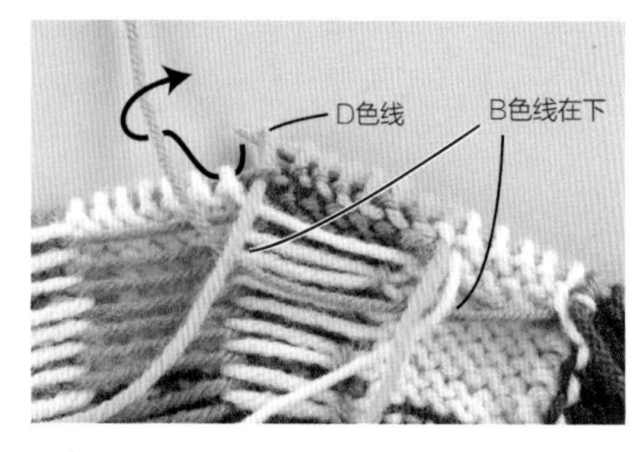
D色线
B色线在下

4/ 接着加入新线D色线编织8针，将B色线从C色线、D色线下方渡线，编织1针。

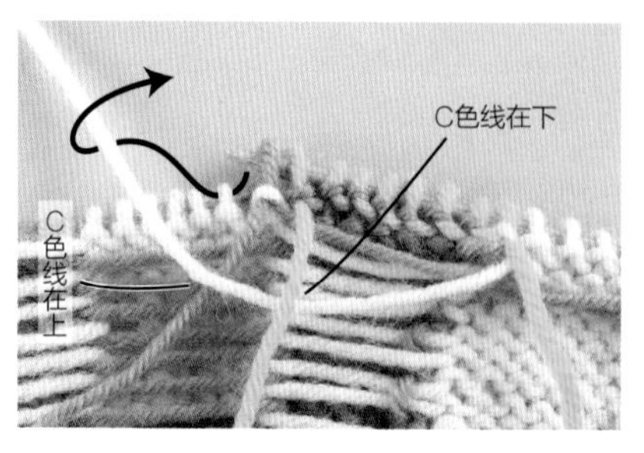
C色线在下
C色线在上

5/ 换成C色线编织时，将C色线从D色线下方、B色线上方渡线。

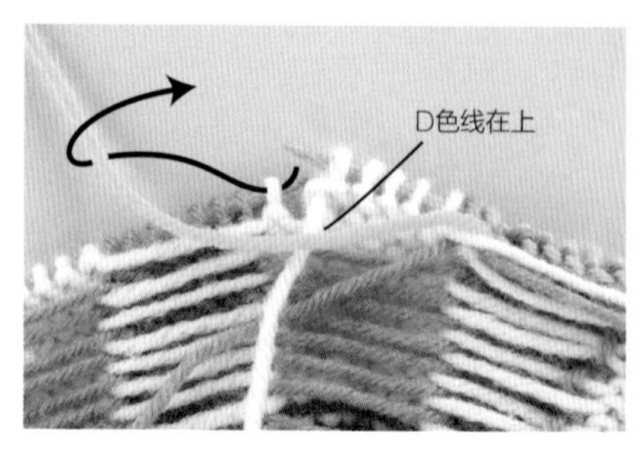
D色线在上

6/ 换成D色线编织时，将D色线从B色线、C色线上方渡线。

7 按照B色线在C色线、D色线下方，C色线在B色线上方、D色线下方，D色线在B色线、C色线上方的规律继续渡线编织。第10行完成。

第11行之后

渡线过长时

第10行的B色线中间间隔了13针，导致渡线过长，可能造成牵扯，此时可以在编织下一行时，将渡线挑起一起编织。

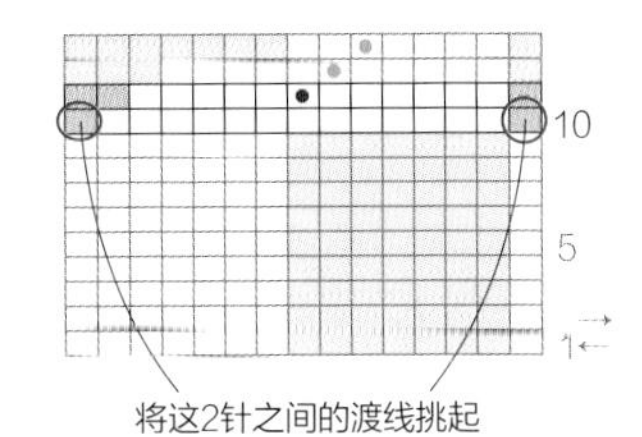

10
5
1
将这2针之间的渡线挑起

[•] = 挑起前一行的渡线一起编织

第11行（看着正面编织下针）

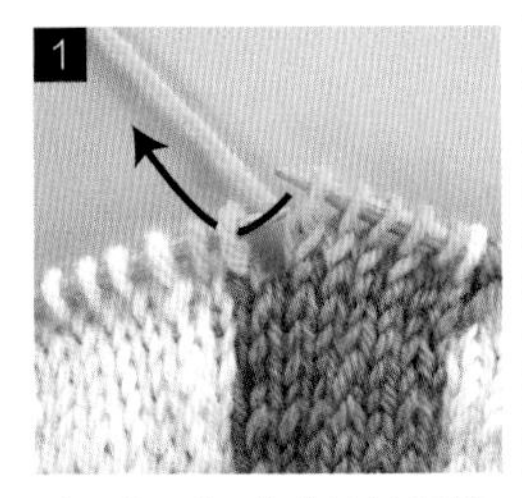

1

织到●时，将右针按照箭头方向插入线圈，不编织直接移至右针。

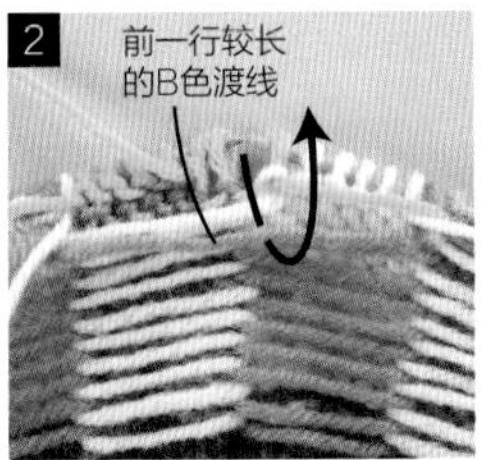

2
前一行较长的B色渡线

从反面看的样子。挑起前一行较长的B色渡线，挂在右针上。

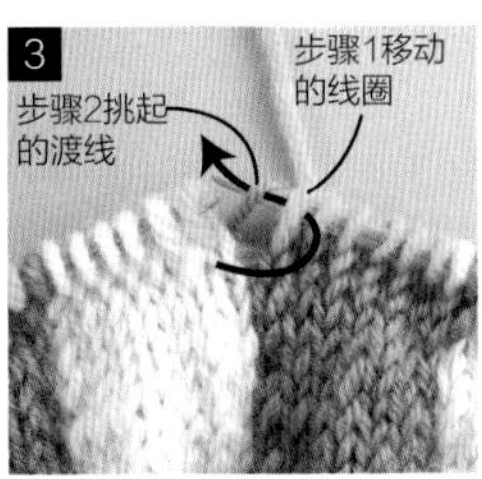

3
步骤2挑起的渡线
步骤1移动的线圈

挑起后的样子。左针按照箭头方向入针，将步骤1移动的线圈和步骤2挑起的渡线移回左针。

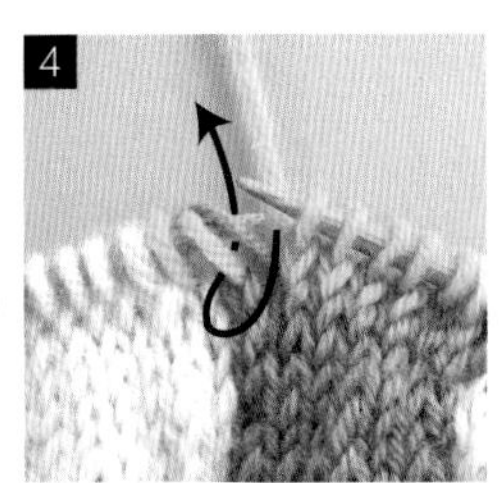

4

按照箭头方向将棒针插入步骤3移回的2个线圈中，编织下针。

5

下针编织完成。将前一行的渡线一起编织进去了。

第12行（看着反面编织上针）

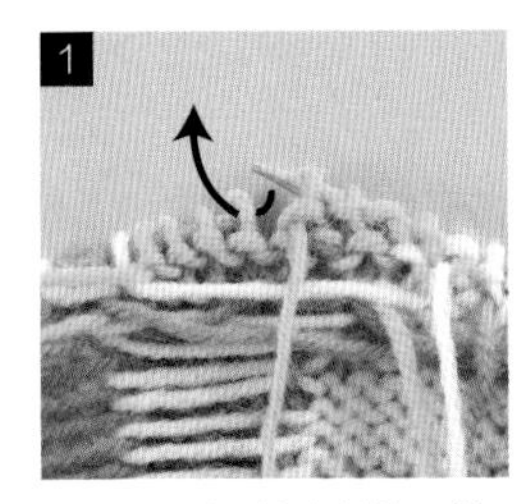

1

织到●时，将右针按照箭头方向插入线圈，不编织直接移至右针。

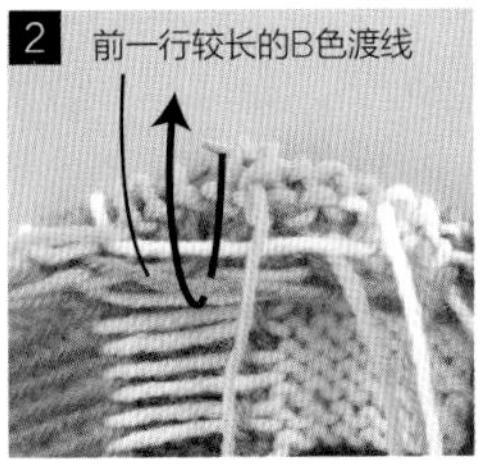

2
前一行较长的B色渡线

移动后的样子。挑起前一行较长的B色渡线，挂在右针上。

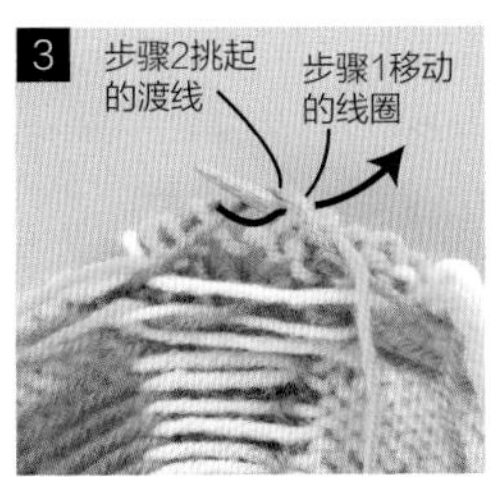

3
步骤2挑起的渡线
步骤1移动的线圈

挑起后的样子。左针按照箭头方向入针，将步骤1移动的线圈和步骤2挑起的渡线移回左针。

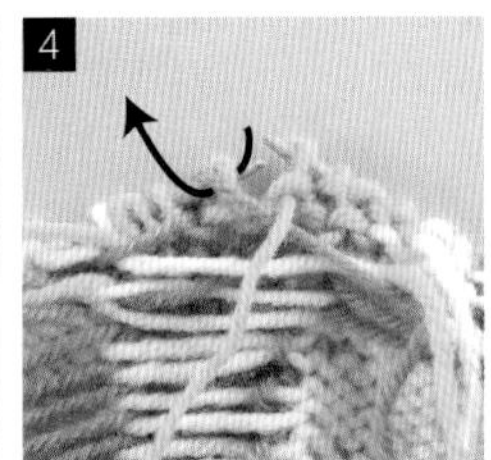

4

按照箭头方向将棒针插入步骤3移回的2个线圈中，编织上针。

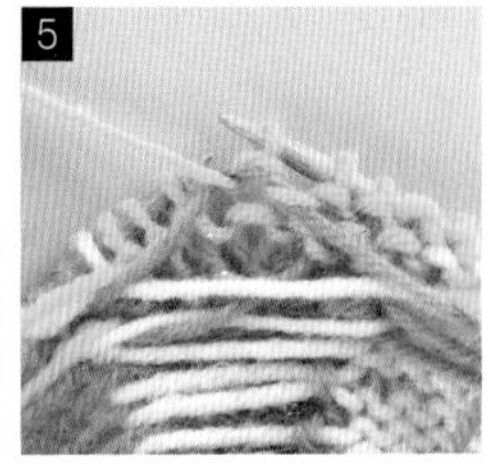

5

上针编织完成。将前一行的渡线一起编织进去了。

正面

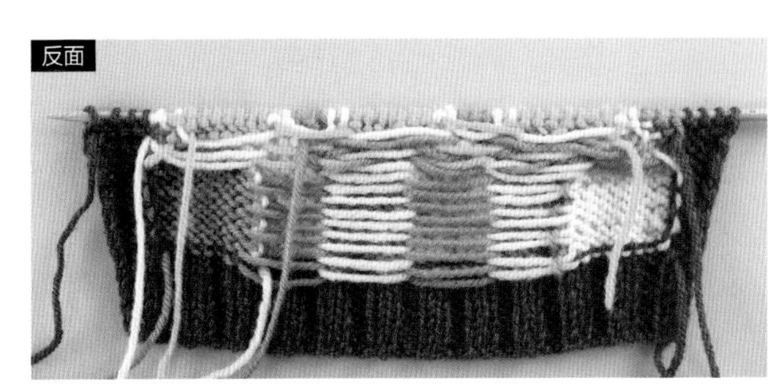

反面

第12行编织完成后的样子。

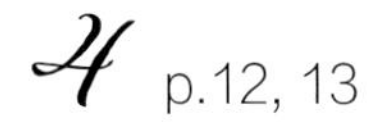
4 p.12, 13

[使用线材]

PUPPY British Fine
炭灰色（012）25g
灰色（009）15g
浅灰色（019）15g
红色（013）5g

[工具]

4 根双头棒针 3 号

[编织密度（10cm×10cm）]

提花花样 27 针 ×30 行

[完成尺寸]

手掌围 22cm 长 28cm

[编织方法]

1. 使用一般起针法起针，圈织主体的单罗纹和提花花样，伏针收针。
2. 编织过程中在拇指位置加入别线。
※ 采用横向渡线法编织提花花样。
※ 跨行的图案，换行的首针编织滑针。
3. 解开拇指位置的另线，并依次挑起针脚，圈织单罗纹，伏针收针。

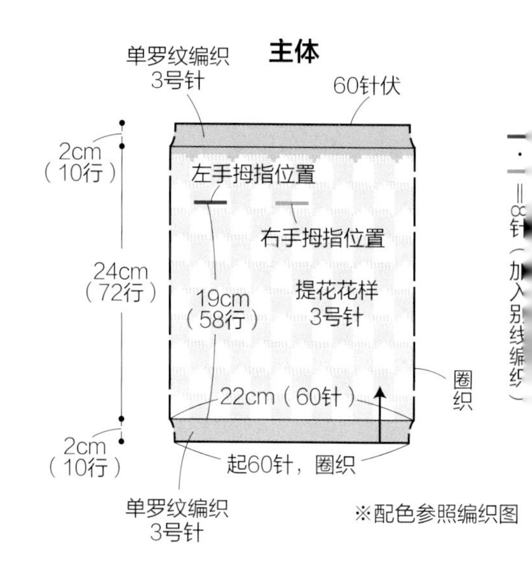

主体
单罗纹编织
3号针
60针伏
2cm（10行）
左手拇指位置
右手拇指位置
24cm（72行）
19cm（58行）
提花花样
3号针
22cm（60针）
圈织
2cm（10行）
起60针，圈织
单罗纹编织
3号针
※配色参照编织图

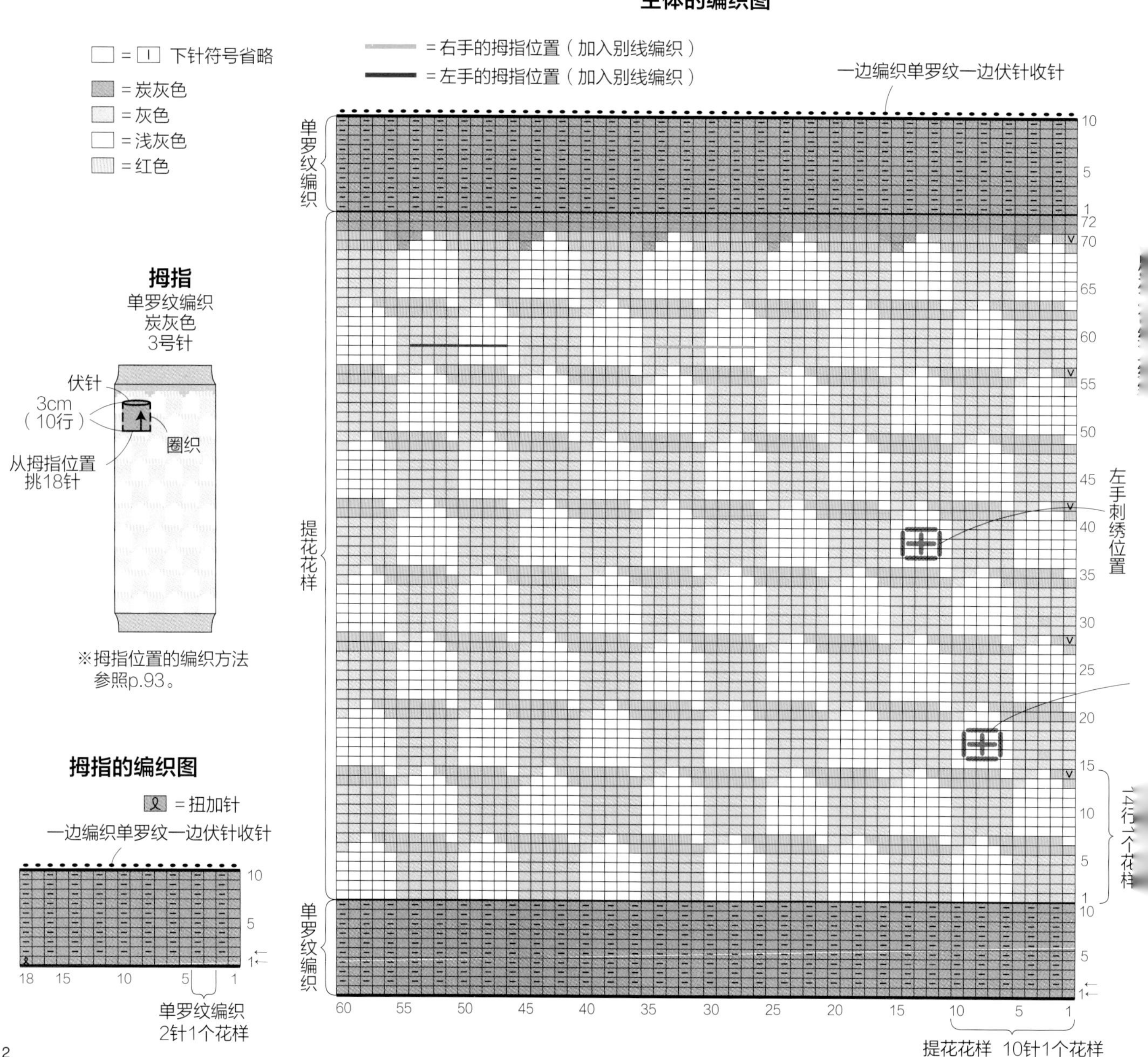

主体的编织图
□ = 丨 下针符号省略
= 炭灰色
= 灰色
= 浅灰色
= 红色
= 右手的拇指位置（加入别线编织）
= 左手的拇指位置（加入别线编织）
一边编织单罗纹一边伏针收针
单罗纹编织
提花花样
左手刺绣位置
14行1个花样
提花花样 10针1个花样
拇指
单罗纹编织
炭灰色
3号针
伏针
3cm（10行）
圈织
从拇指位置挑18针
※拇指位置的编织方法参照p.93。
拇指的编织图
= 扭加针
一边编织单罗纹一边伏针收针
单罗纹编织
2针1个花样

5 p.14, 15

[使用线材]

RUMA Merino Style 中粗
色（20）100g
灰色（18）35g
成色（1）5g
米色（2）5g
衣草紫（9）少许
母绿（22）少许
瑚红（23）少许
RUMA GENMOU
色（17）少许

RUMA Merino Style 中粗
瑚红（23）100g
米色（2）5g
衣草紫（9）少许
色（20）少许
母绿（22）少许
色（24）少许
RUMA LOOP
成色（1）20g
RUMA GENMOU
色（17）少许

c
DARUMA Merino Style 中粗
祖母绿（22）100g
生成色（1）20g
浅米色（2）5g
黑色（12）5g
薰衣草紫（9）少许
黄色（20）少许
珊瑚红（23）少许

DARUMA GENMOU
驼色（17）10g

[其他材料]
内衬用布 29cm×50cm
斜纹布带（宽 1.5cm）31cm×2 根

[工具]
2 根单头棒针 11 号
钩针 7/0 号、10/0 号

[编织密度（10cm×10cm）]
提花花样 15.5 针 ×19 行

[完成尺寸]
纵向 25.5cm 横向 26cm

[编织方法]
※ 提手和 b 的 DARUMA LOOP 为 1 根线编织，其余都用 2 根线编织。
1. 使用一般起针法起针，分别编织前面和后面的提花花样，伏针收针。
※ 采用纵向渡线法编织提花。
2. 在前面刺绣。
3. 底部用平针订缝，侧边挑缝缝合。
4. 编织边缘。
5. 锁针起针，短针钩提手。
6. 制作提手。
7. 制作内衬袋，和提手一起缝合在包上。

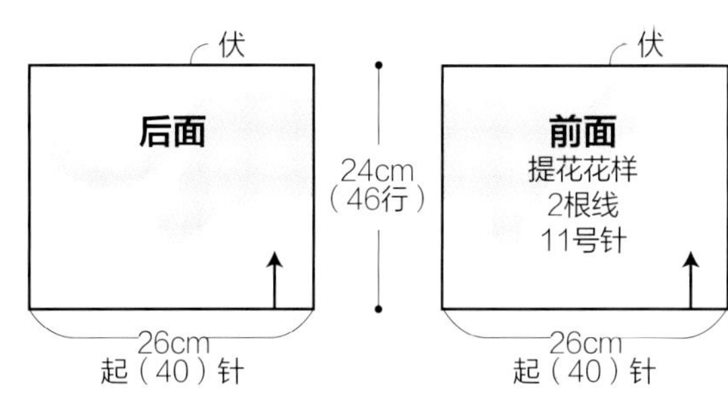

伏
后面
24cm
（46行）
伏
前面
提花花样
2根线
11号针
26cm
起（40）针
26cm
起（40）针

※配色参照编织图。

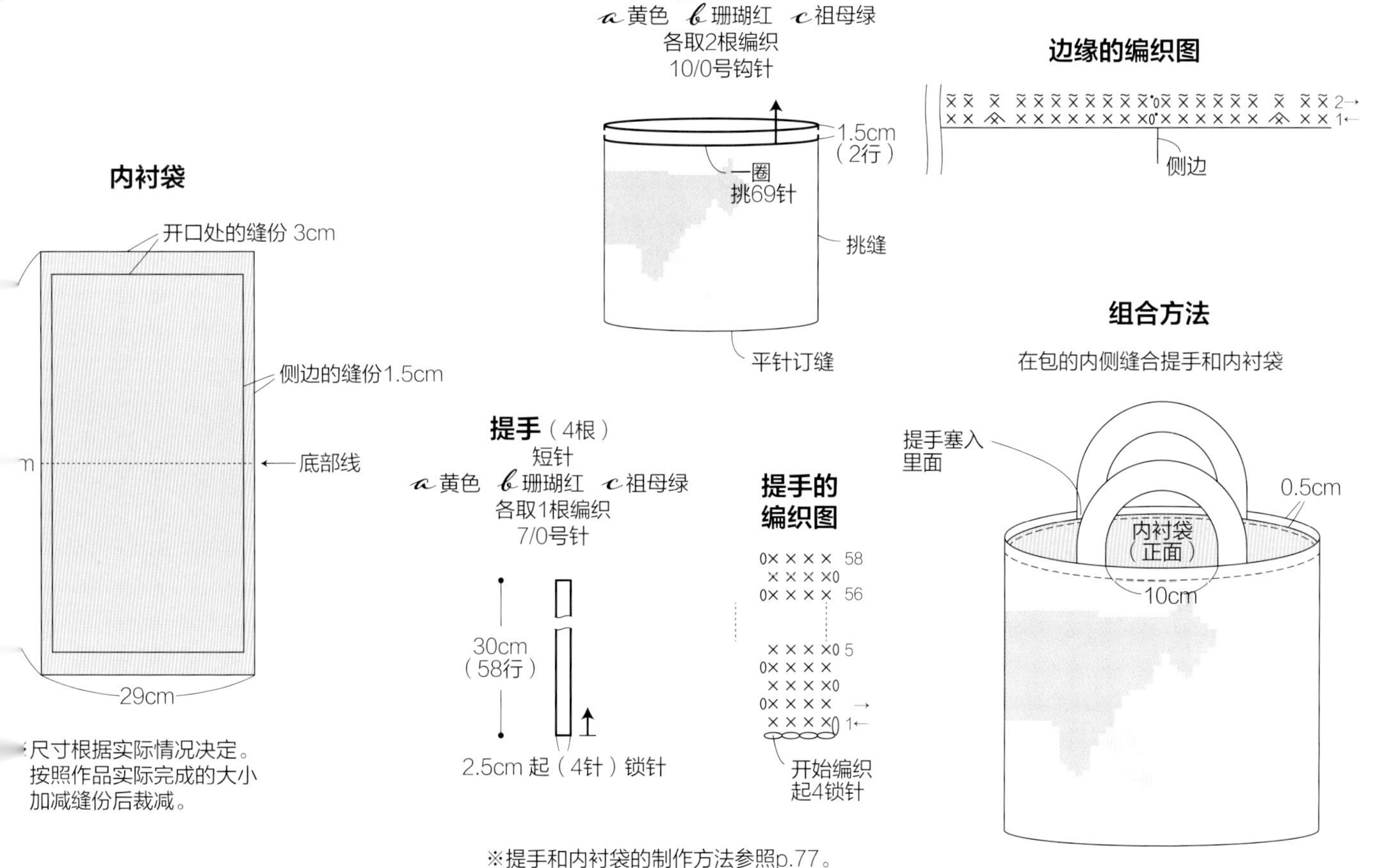

编织边缘
a 黄色 b 珊瑚红 c 祖母绿
各取2根编织
10/0号钩针
1.5cm
（2行）
一圈
挑69针
挑缝
平针订缝
边缘的编织图
侧边
内衬袋
开口处的缝份 3cm
侧边的缝份1.5cm
底部线
29cm
※尺寸根据实际情况决定。
按照作品实际完成的大小
加减缝份后裁减。
提手（4根）
短针
a 黄色 b 珊瑚红 c 祖母绿
各取1根编织
7/0号针
30cm
（58行）
2.5cm 起（4针）锁针
提手的
编织图
58
56
5
1
开始编织
起4锁针
组合方法
在包的内侧缝合提手和内衬袋
提手塞入
里面
0.5cm
内衬袋
（正面）
10cm

※提手和内衬袋的制作方法参照p.77。

前面・后面的编织图

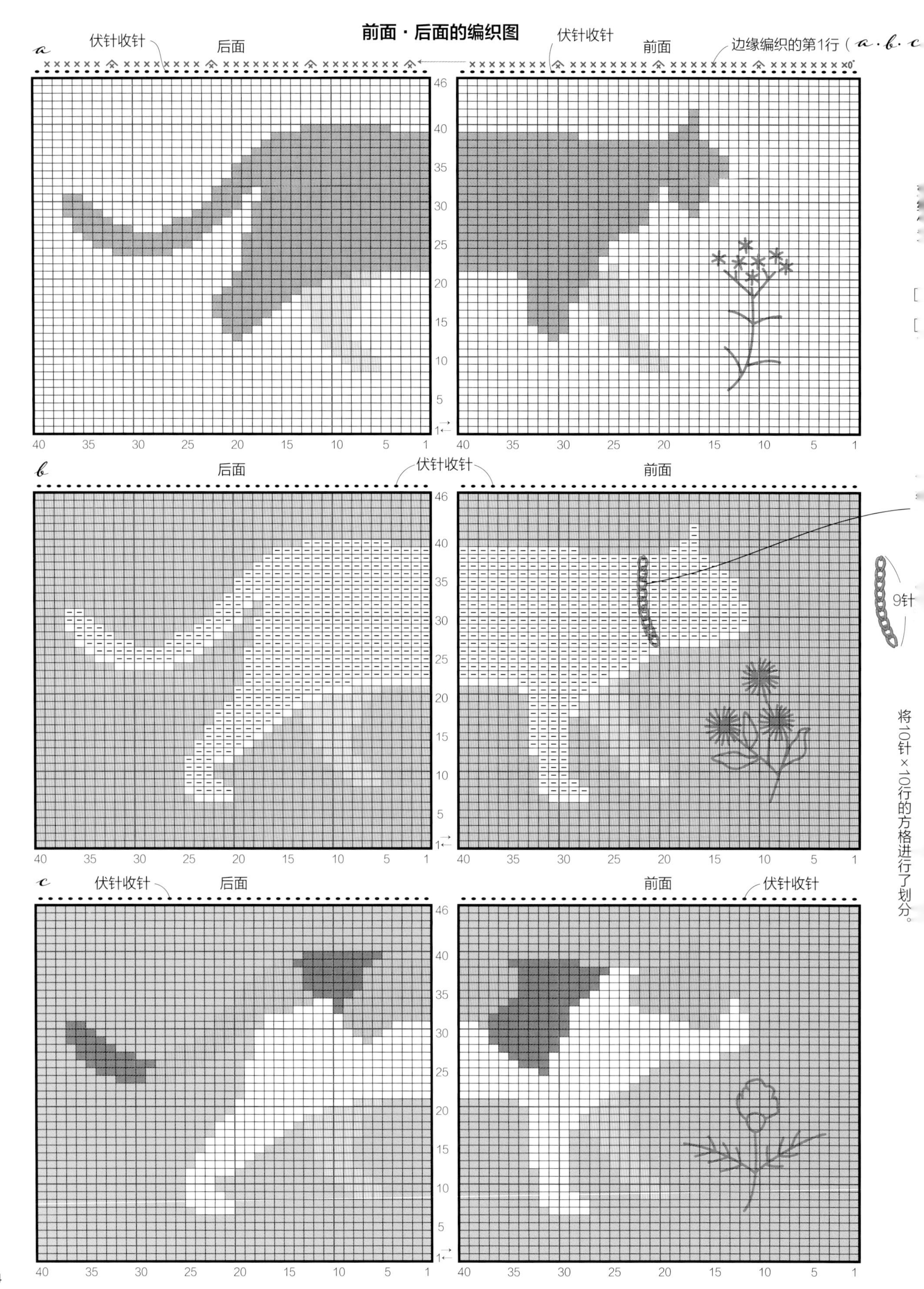

a
伏针收针
后面
伏针收针
前面
边缘编织的第1行（a・b・c）
b
后面
伏针收针
前面
9针
c
伏针收针
后面
前面
伏针收针
将10针×10行的方格进行了划分。

刺绣图案

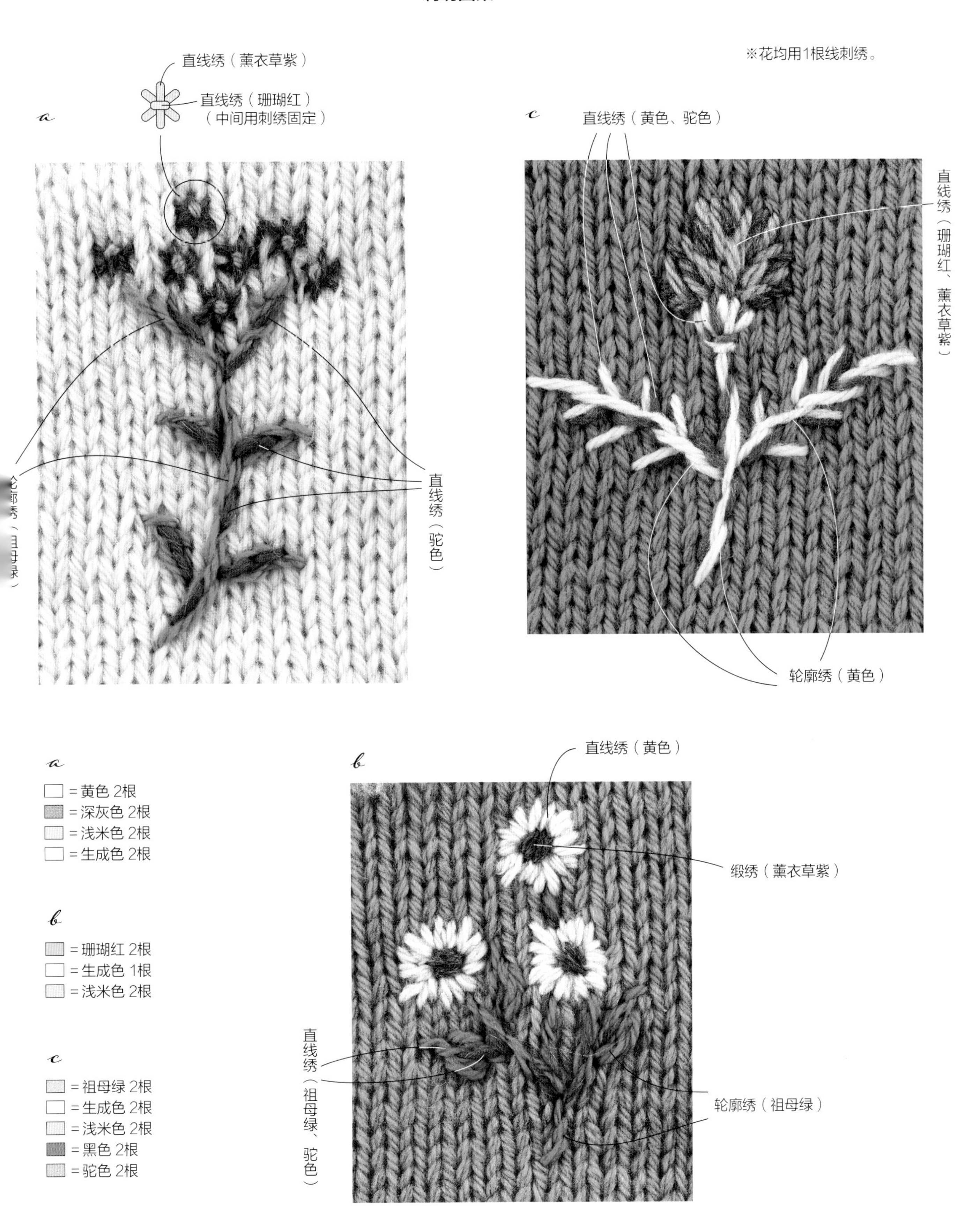
※花均用1根线刺绣。
a
直线绣（薰衣草紫）
直线绣（珊瑚红）
（中间用刺绣固定）
直线绣（驼色）
c
直线绣（黄色、驼色）
直线绣（珊瑚红、薰衣草紫）
轮廓绣（黄色）
b
直线绣（黄色）
缎绣（薰衣草紫）
直线绣（祖母绿、驼色）
轮廓绣（祖母绿）
a
□ = 黄色 2根
□ = 深灰色 2根
□ = 浅米色 2根
□ = 生成色 2根
b
□ = 珊瑚红 2根
□ = 生成色 1根
□ = 浅米色 2根
c
□ = 祖母绿 2根
□ = 生成色 2根
□ = 浅米色 2根
□ = 黑色 2根
□ = 驼色 2根

6 p.16, 17

[使用线材]

PUPPY British Eroica
灰粉色（180）180g
橙黄色（203）15g
草绿色（197）15g
孔雀绿（184）15g

PUPPY Julika Mohair
黄色（306）15g

[其他材料]
内衬用布 38cm×78cm
斜纹布带（宽 2cm）85cm

[工具]
2 根单头棒针 9 号
钩针 7/0 号

[编织密度（10cm×10cm）]
提花花样 16.5 针 ×21.5 行

[完成尺寸]
纵向 36.5cm 横向 35cm

[编织方法]

1. 使用一般起针法起针，分别编织前面和后面的提花花样，伏针收
※ 采用纵向渡线法编织提花。
2. 在指定的位置刺绣。
3. 底部用平针订缝，侧边挑缝缝合。
4. 编织边缘。
5. 锁针起针，短针钩背带。
6. 制作背带。
7. 制作内衬袋，和背带一起缝合在包上。

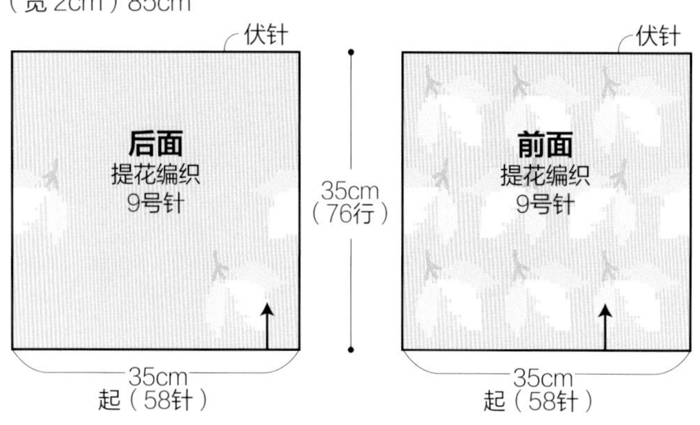

伏针
后面
提花编织
9号针
35cm
起（58针）
35cm
（76行）
伏针
前面
提花编织
9号针
35cm
起（58针）

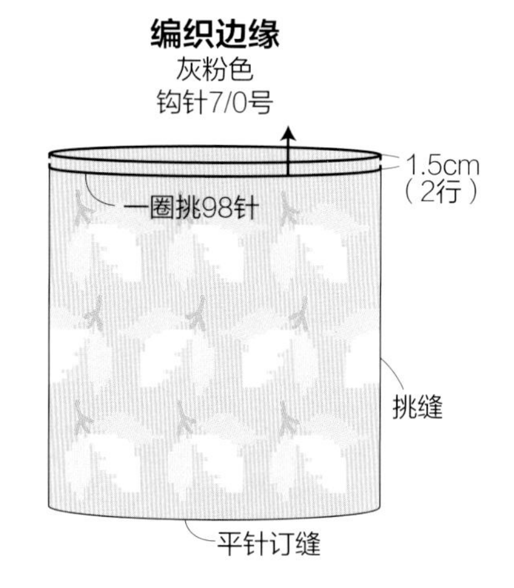

编织边缘
灰粉色
钩针7/0号
1.5cm
（2行）
一圈挑98针
挑缝
平针订缝

内衬袋

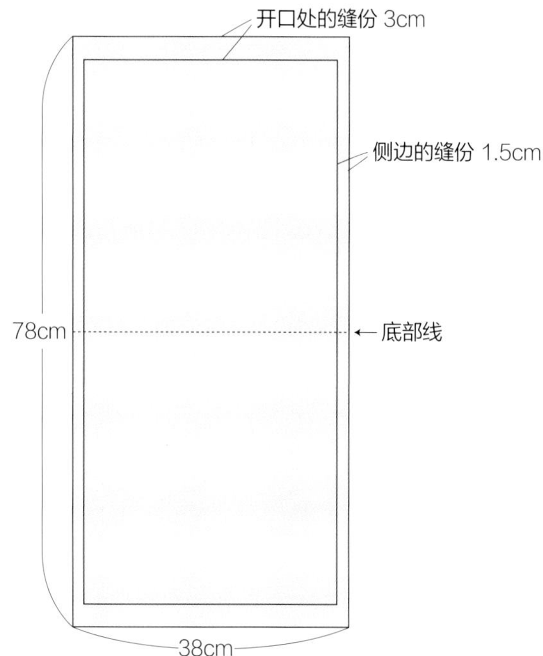

开口处的缝份 3cm
侧边的缝份 1.5cm
78cm
底部线
38cm

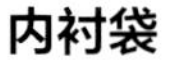

※尺寸根据实际情况决定。
按照作品实际完成的大小
加减缝份后裁减。

边缘的编织图

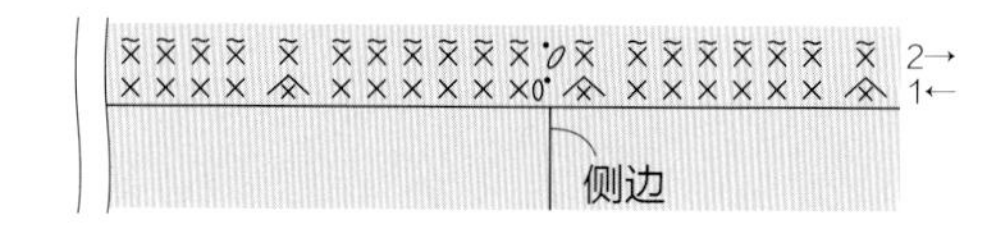

2
1
侧边

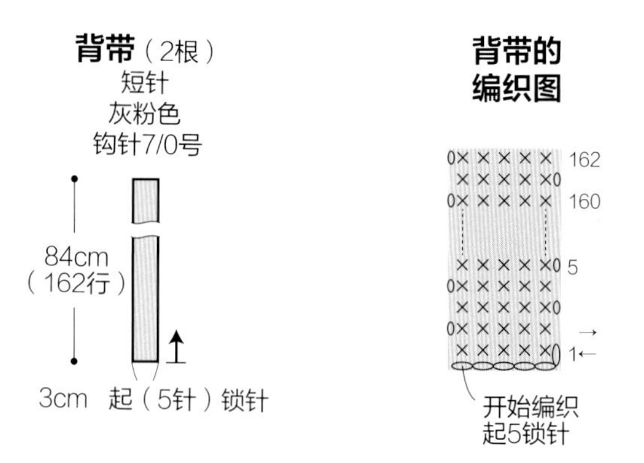

背带（2根）
短针
灰粉色
钩针7/0号
84cm
（162行）
3cm
起（5针）锁针
背带的
编织图
162
160
5
1
开始编织
起5锁针

※背带和内衬袋的制作方法参照p.77。

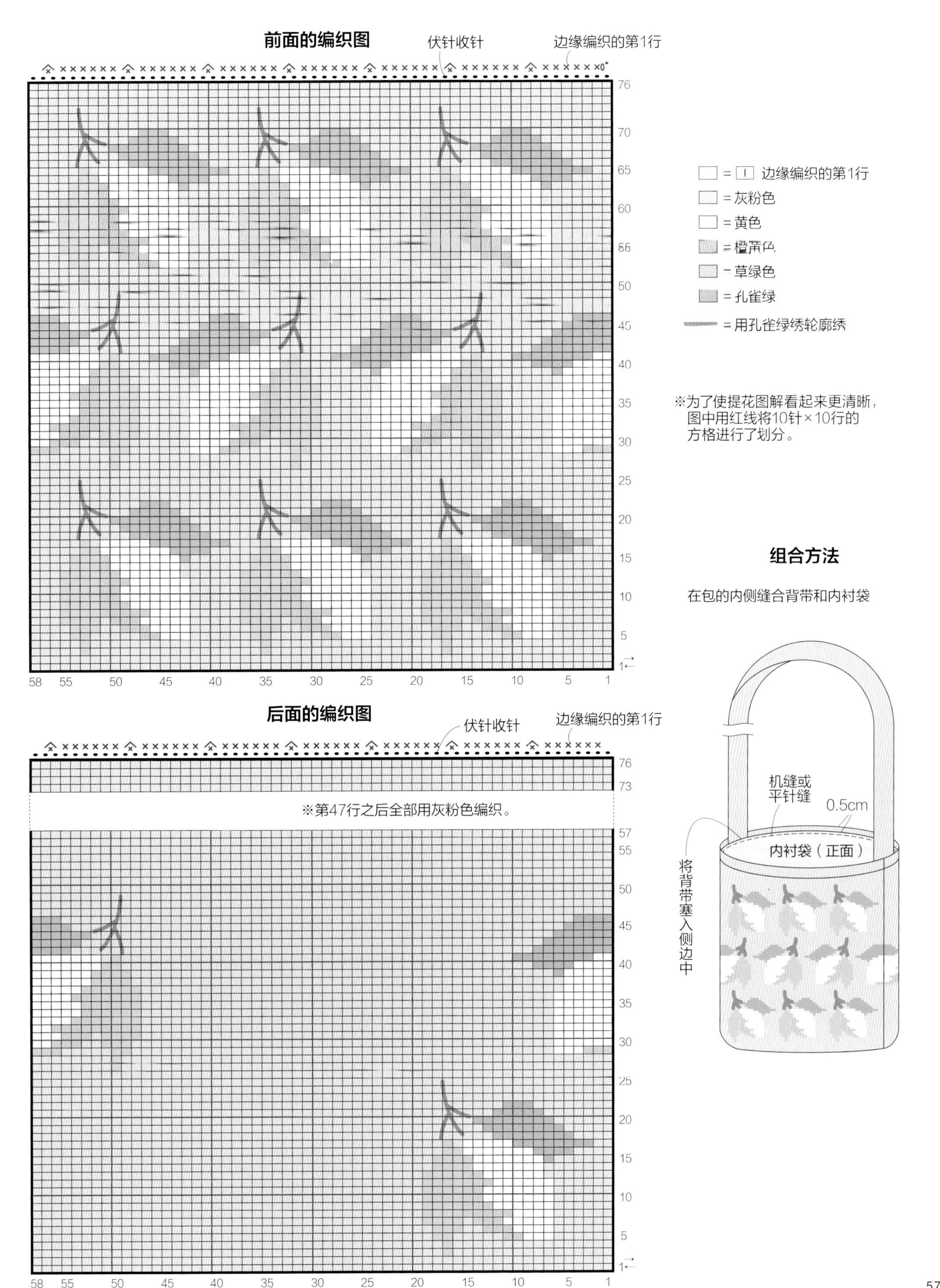

前面的编织图
伏针收针
边缘编织的第1行
= 边缘编织的第1行
= 灰粉色
= 黄色
= 橙黄色
= 草绿色
= 孔雀绿
= 用孔雀绿绣轮廓绣
※为了使提花图解看起来更清晰，图中用红线将10针×10行的方格进行了划分。
组合方法
在包的内侧缝合背带和内衬袋
机缝或平针缝
0.5cm
内衬袋（正面）
将背带塞入侧边中
后面的编织图
伏针收针
边缘编织的第1行
※第47行之后全部用灰粉色编织。

p.18, 19

[使用线材]

PUPPY Queen Anny

薄荷绿（989）440g

白色（802）10g

黄色（934）5g

HAMANAKA Rich More Elk

白色（57）24g

[工具]

2 根单头棒针 6 号、4 号

4 根双头棒针 4 号

钩针 7/0 号（缝合肩部、袖子用）

[编织密度（10cm×10cm）]

平针、提花花样 20 针 ×29 行

[完成尺寸]

胸围 105cm 衣长 56cm 肩宽 43.5cm 袖长 46cm

[编织方法]

1. 使用一般起针法起针，编织双罗纹，在前后身片织入提花花样。

※ 采用纵向渡线法编织提花。

2. 使用一般起针法起针，编织双罗纹，平针编织袖子。

3. 肩部引拔缝合。

4. 将侧边和袖下挑缝缝合。

5. 双罗纹圈织领口，伏针收针。

6. 将袖子引拔缝合到身片上。

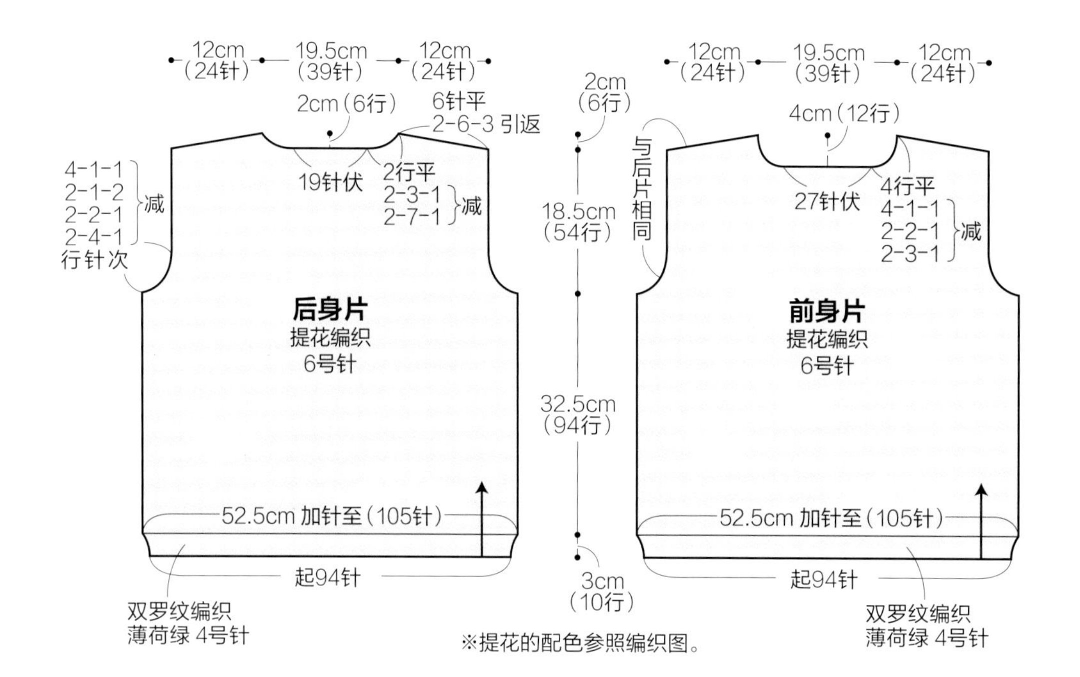

12cm（24针）
19.5cm（39针）
12cm（24针）
2cm（6行）
6针平
2-6-3 引返
4-1-1
2-1-2
2-2-1
2-4-1
行针次
减
19针伏
2行平
2-3-1
2-7-1
减
后身片
提花编织
6号针
52.5cm 加针至（105针）
起94针
双罗纹编织
薄荷绿 4号针
2cm（6行）
18.5cm（54行）
32.5cm（94行）
3cm（10行）
与后片相同
12cm（24针）
19.5cm（39针）
12cm（24针）
4cm（12行）
27针伏
4行平
4-1-1
2-2-1
2-3-1
减
前身片
提花编织
6号针
52.5cm 加针至（105针）
起94针
双罗纹编织
薄荷绿 4号针

※提花的配色参照编织图。

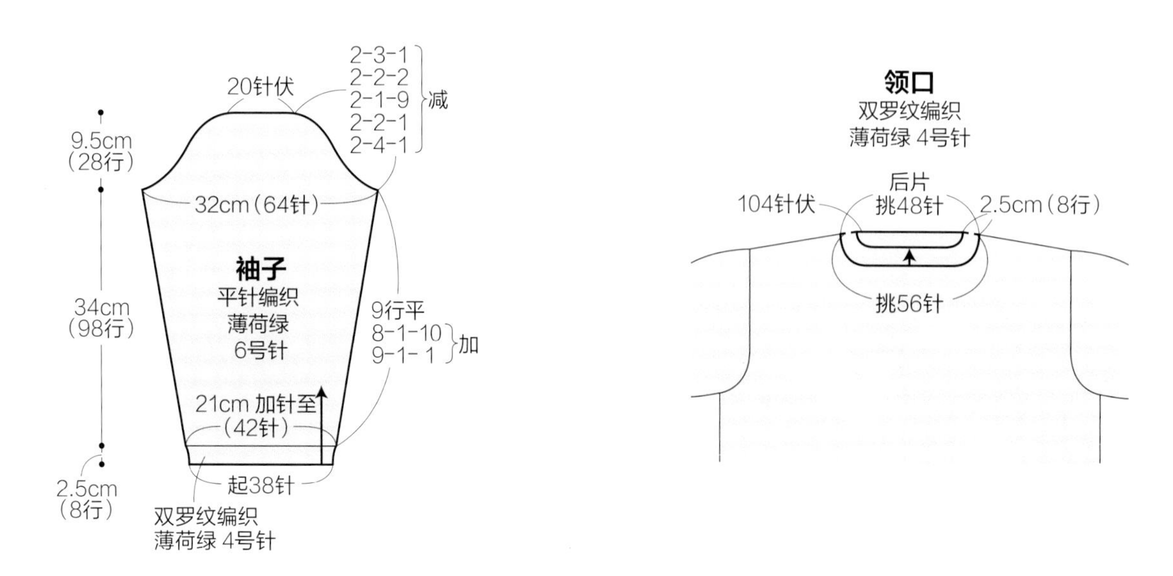

20针伏
2-3-1
2-2-2
2-1-9
2-2-1
2-4-1
减
9.5cm（28行）
32cm（64针）
袖子
平针编织
薄荷绿
6号针
34cm（98行）
9行平
8-1-10
9-1-1
加
21cm 加针至（42针）
起38针
2.5cm（8行）
双罗纹编织
薄荷绿 4号针
领口
双罗纹编织
薄荷绿 4号针
后片
挑48针
104针伏
2.5cm（8行）
挑56针

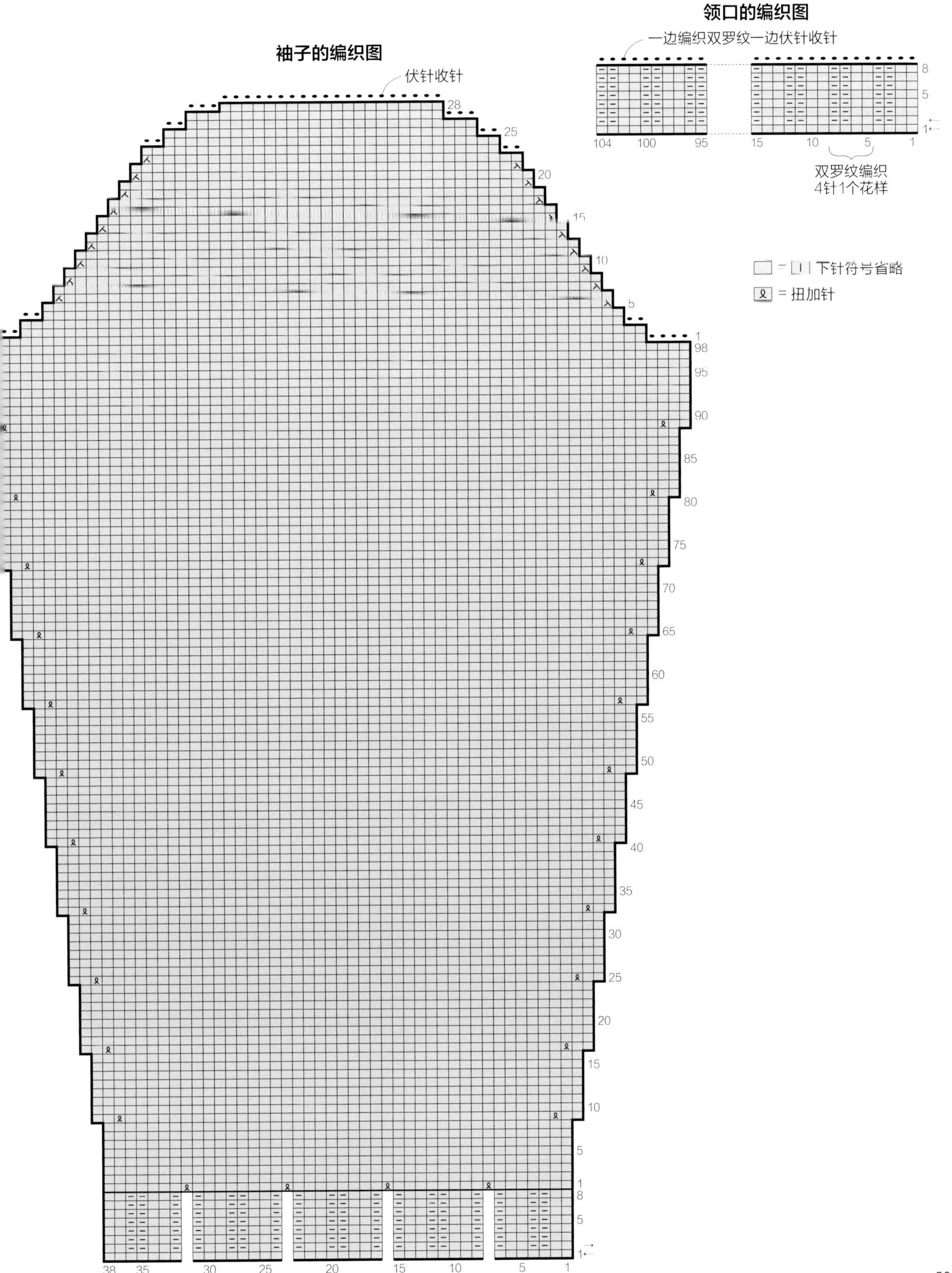
袖子的编织图
伏针收针
领口的编织图
一边编织双罗纹一边伏针收针
双罗纹编织
4针1个花样
= 下针符号省略
= 扭加针

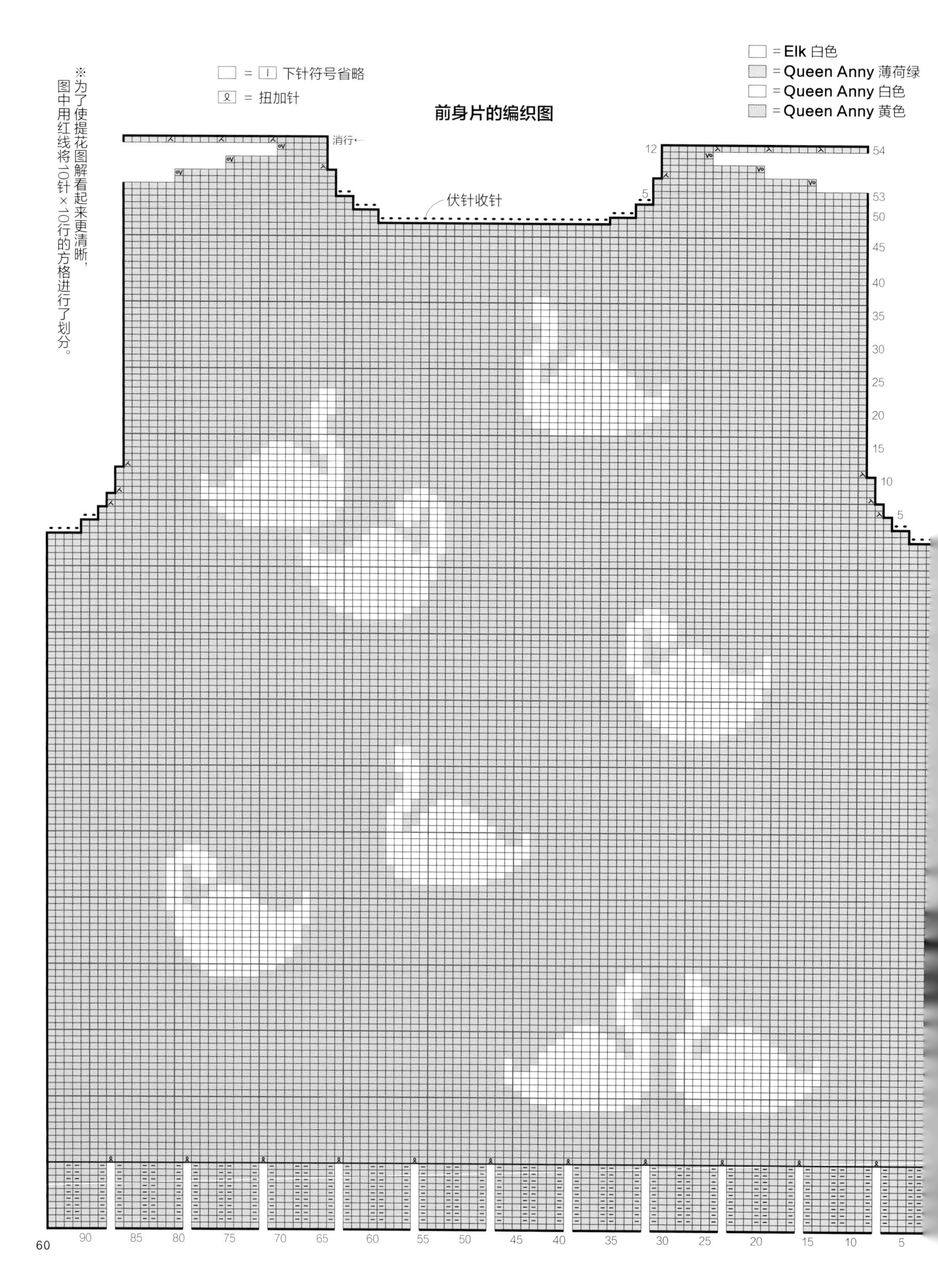

□ = Elk 白色
□ = Queen Anny 薄荷绿
□ = Queen Anny 白色
□ = Queen Anny 黄色
□ = Ⅰ 下针符号省略
ℓ = 扭加针
前身片的编织图
※为了使提花图解看起来更清晰，
图中用红线将10针×10行的方格进行了划分。
消行←
伏针收针
12
54
53
50
45
40
35
30
25
20
15
10
5
90
85
80
75
70
65
60
55
50
45
40
35
30
25
20
15
10
5
60

※为了使提花图解看起来更清晰，

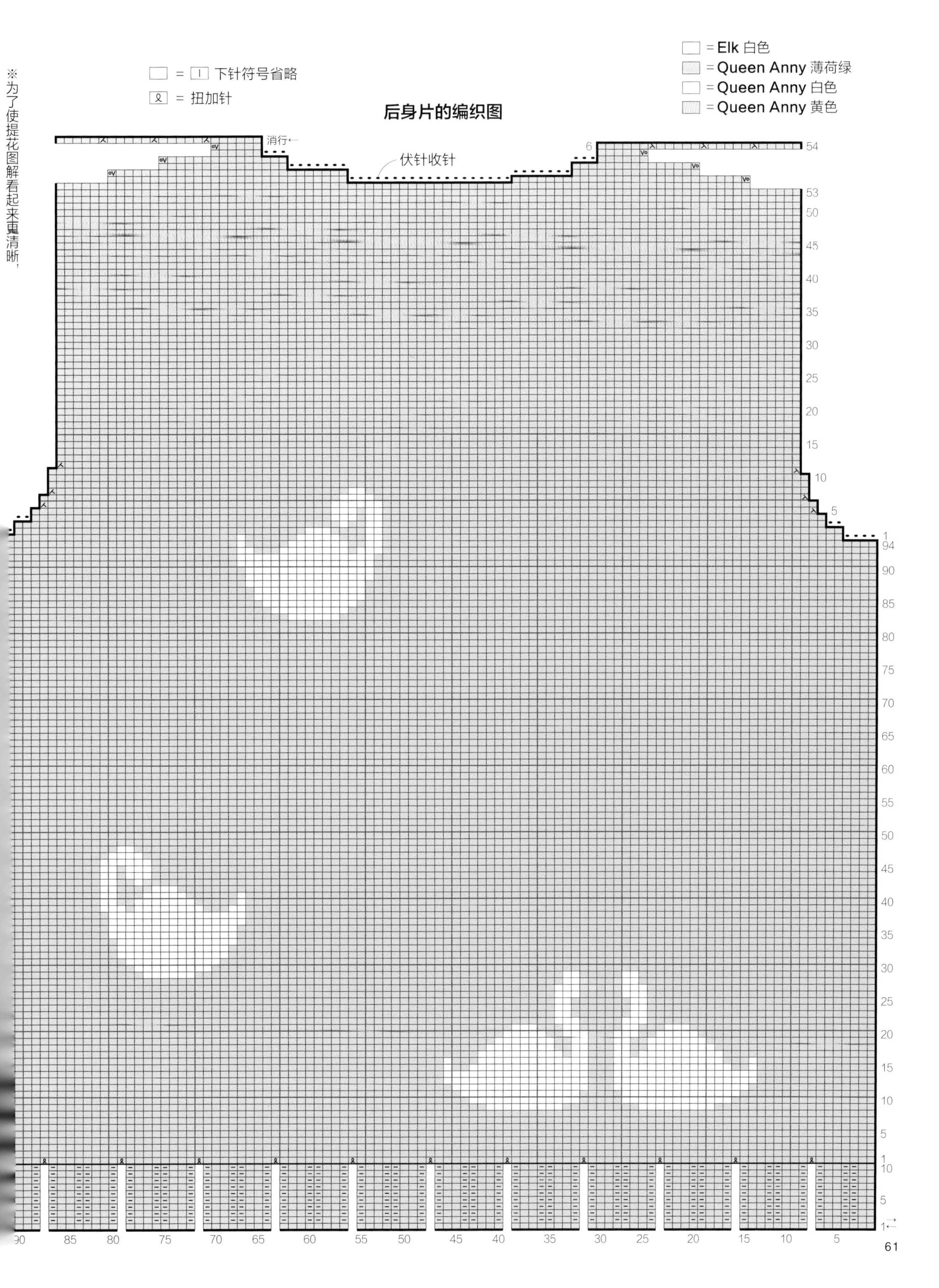

□ = | 下针符号省略
ℓ = 扭加针
后身片的编织图
□ = Elk 白色
□ = Queen Anny 薄荷绿
□ = Queen Anny 白色
□ = Queen Anny 黄色
消行←
伏针收针

8 p.20, 21

[使用线材]

Brooklyn Tweed ARBOR
橄榄绿（PARKA）60g
芥末黄（KLIMT）30g

[工具]
4 根双头棒针 6 号、4 号

[编织密度（10cm×10cm）]
提花花样 20.5 针 ×23 行

[完成尺寸]
幅宽 29cm 周长 54.5cm

[编织方法]
使用一般起针法起针，圈织花样和提花做成围脖，伏针收针。
※ 采用横向渡线法编织提花。

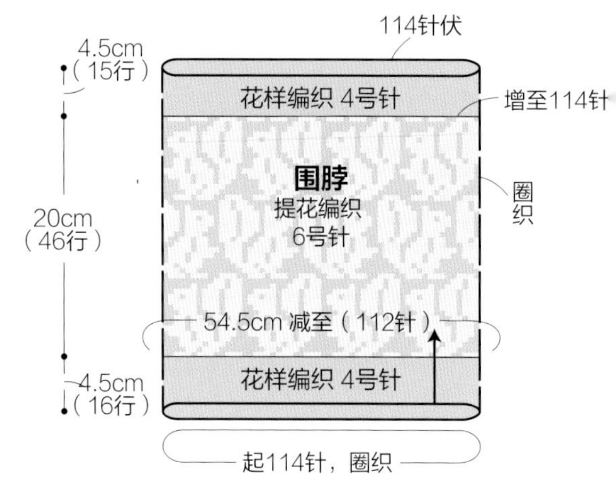
114针伏
4.5cm（15行）
花样编织 4号针
增至114针
围脖
提花编织
6号针
圈织
20cm（46行）
54.5cm 减至（112针）
4.5cm（16行）
花样编织 4号针
起114针，圈织

围脖的编织图

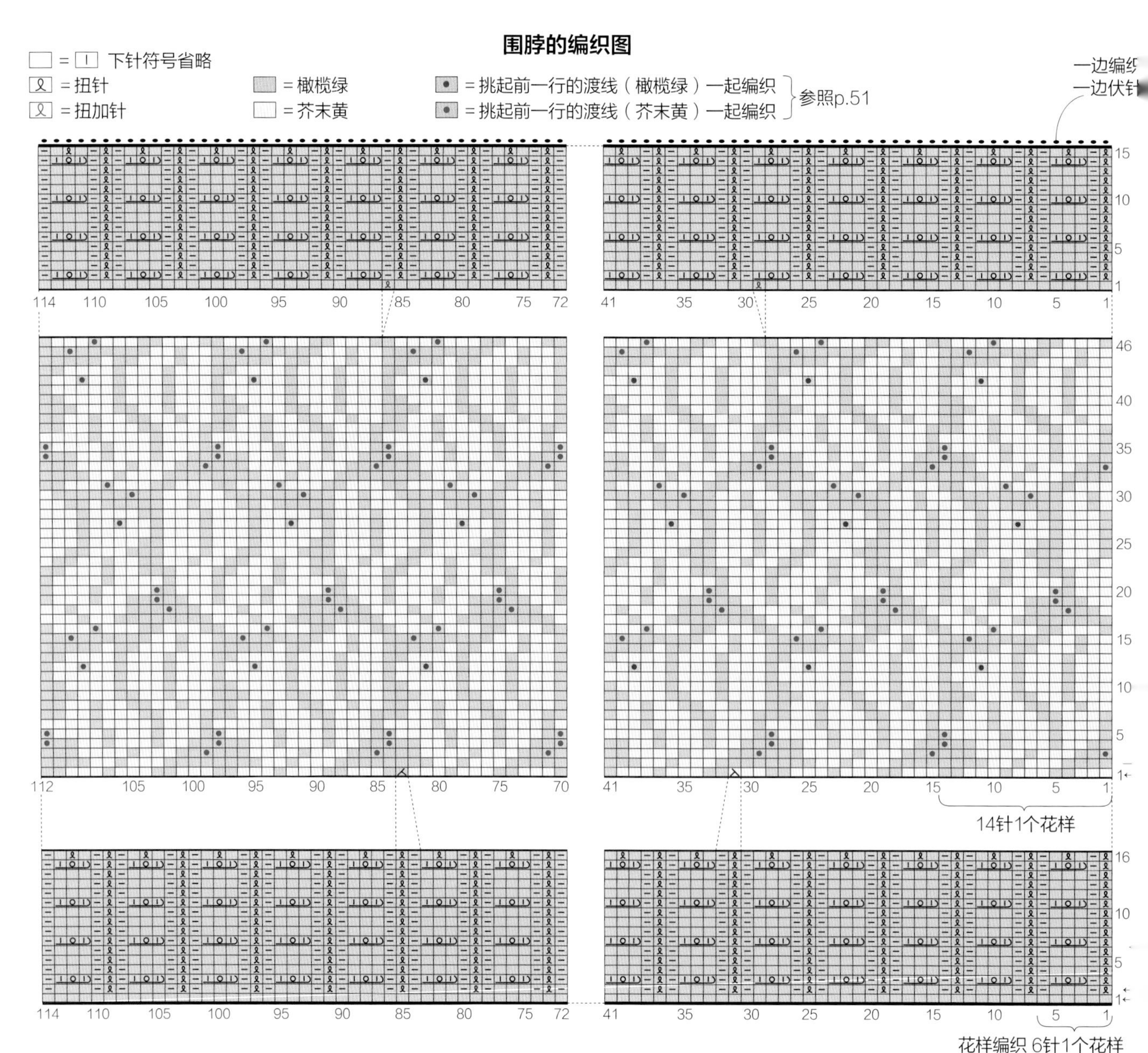
□ = ǀ 下针符号省略
= 扭针
= 扭加针
= 橄榄绿
= 芥末黄
= 挑起前一行的渡线（橄榄绿）一起编织
= 挑起前一行的渡线（芥末黄）一起编织
参照p.51
一边编织
一边伏针
14针1个花样
花样编织 6针1个花样

p.22, 23

用线材]

ooklyn Tweed ARBOR
灰色（DRIFTWOOD）150g
黑色（BUTTE）110g

具]

单头棒针 6号、4号
双头棒针 4号
5/0号（缝合肩部用）

[编织密度（10cm×10cm）]

提花花样 20.5针 ×23行

[完成尺寸]

胸围 98cm 肩宽 34cm 衣长 52cm

[编织方法]

1. 使用一般起针法起针，编织花样和前后身片的提花。
※ 采用横向渡线法编织提花。
2. 引拔缝合肩部。
3. 侧边挑缝缝合。
4. 圈织袖口花样，伏针收针。
5. 圈织领口花样，伏针收针，在中央重叠缝合。

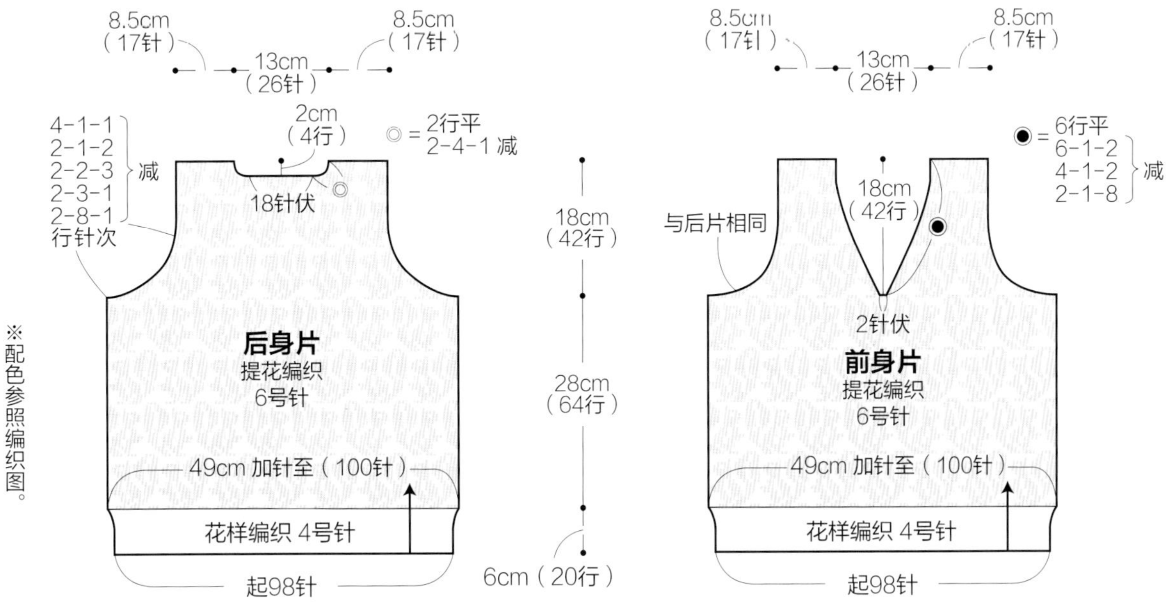

8.5cm（17针）
13cm（26针）
8.5cm（17针）
4-1-1
2-1-2
2-2-3
2-3-1
2-8-1
行针次
减
2cm（4行）
◎=2行平 2-4-1减
18针伏
后身片
提花编织
6号针
49cm 加针至（100针）
花样编织 4号针
起98针
18cm（42行）
28cm（64行）
6cm（20行）
●=6行平
6-1-2
4-1-2
2-1-8
减
18cm（42行）
与后片相同
2针伏
前身片
提花编织
6号针
49cm 加针至（100针）
花样编织 4号针
起98针
※配色参照编织图。

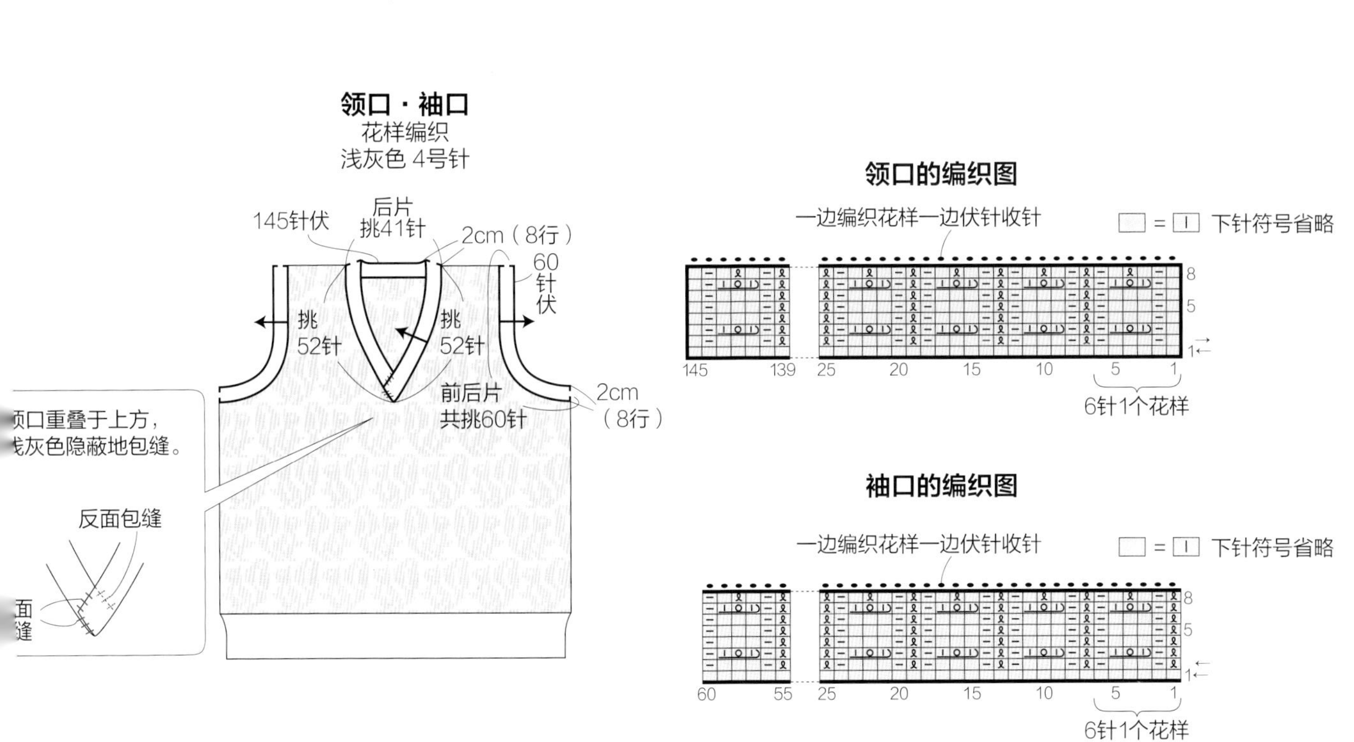

领口·袖口
花样编织
浅灰色 4号针
145针伏
后片 挑41针
2cm（8行）
60针伏
挑52针
挑52针
前后片共挑60针
2cm（8行）
领口重叠于上方，
浅灰色隐蔽地包缝。
反面包缝
领口的编织图
一边编织花样一边伏针收针
下针符号省略
145 139 25 20 15 10 5 1
8 5 1
6针1个花样
袖口的编织图
一边编织花样一边伏针收针
下针符号省略
60 55 25 20 15 10 5 1
8 5 1
6针1个花样

前身片的编织图

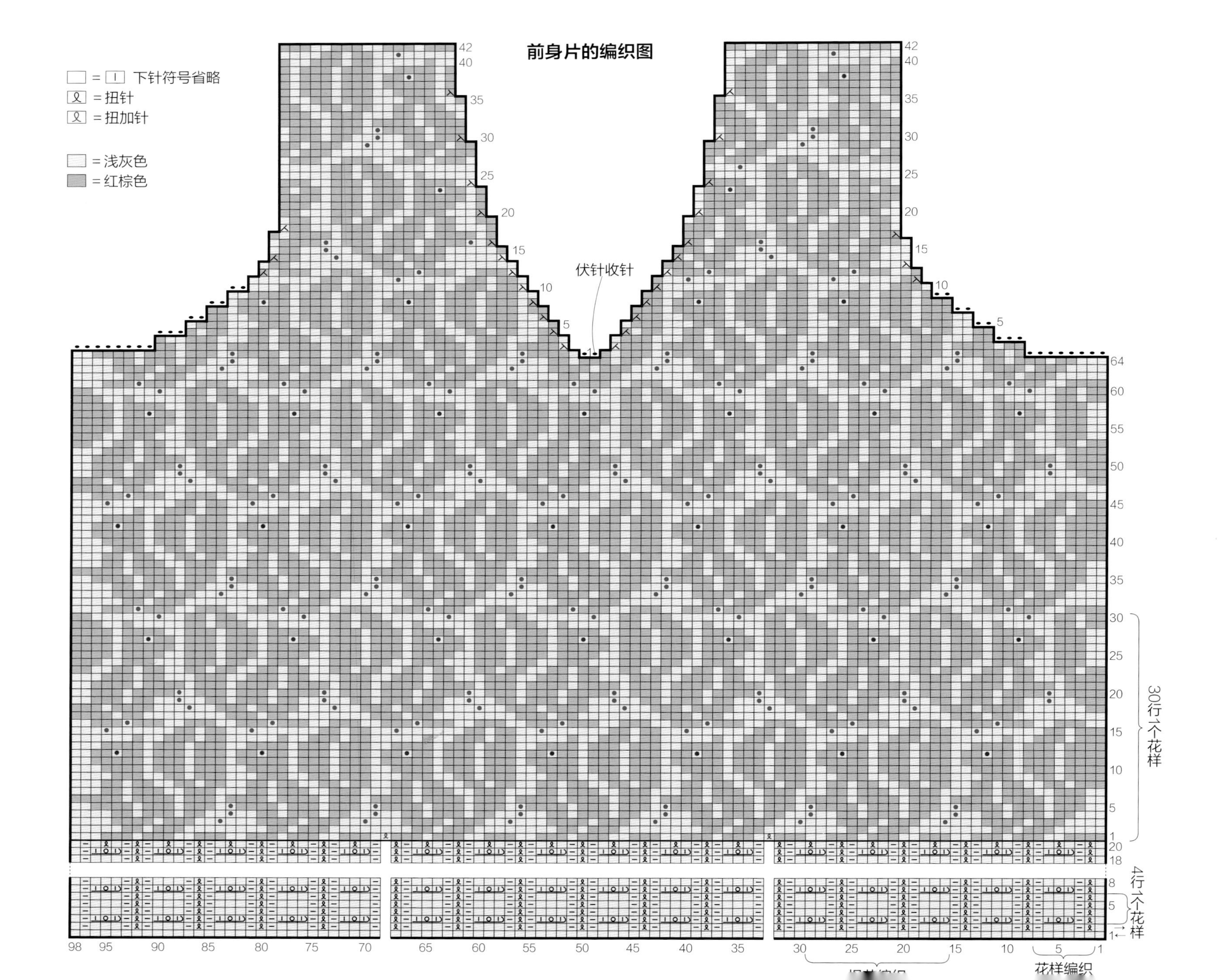

□ = ⊡ 下针符号省略
ꝏ = 扭针
ꝏ = 扭加针
= 浅灰色
= 红棕色
伏针收针
30行1个花样
4行1个花样
花样编织

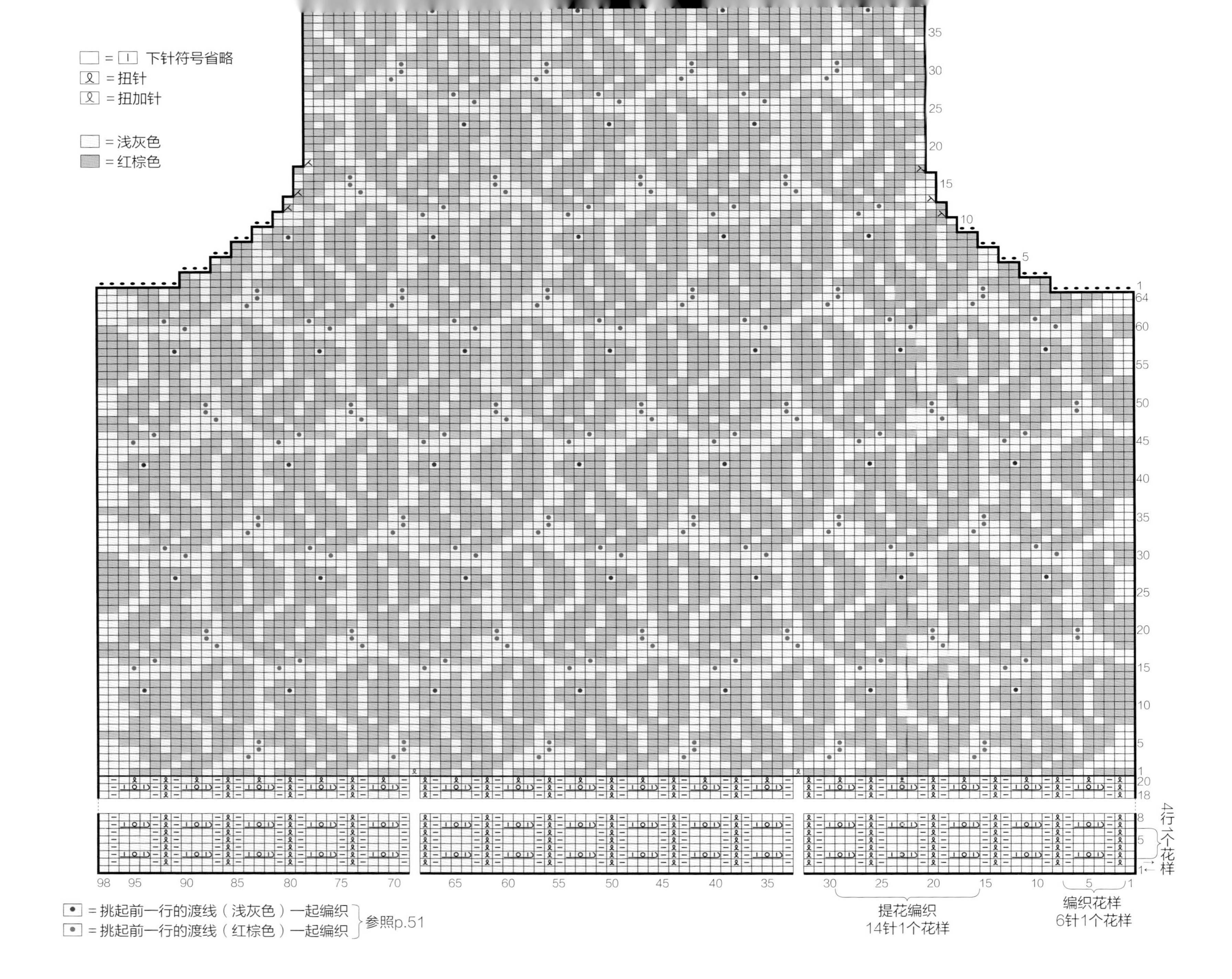

= 下针符号省略
= 扭针
= 扭加针
= 浅灰色
= 红棕色
4行1个花样
提花编织
14针1个花样
编织花样
6针1个花样
= 挑起前一行的渡线（浅灰色）一起编织
= 挑起前一行的渡线（红棕色）一起编织
参照p.51

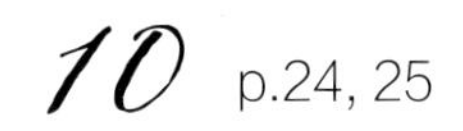
10 p.24, 25

[使用线材]

PUPPY British Eroica
草绿色（197）120g
棕色（192）185g
深棕色（208）145g

PUPPY Primitivo
炭灰色（105）60g

[其他材料]
TOHO 亮片 龟甲形・橙色
（810・6mm）226 片

[工具]
2 根单头棒针 9 号、7 号
4 根双头棒针 7 号
钩针 9/0 号（缝合肩部用）

[编织密度（10cm×10cm）]
提花花样 16.5 针 ×22 行

[完成尺寸]
胸围 102cm 衣长 59.5cm 袖长 74.5cm

[编织方法]
1. 使用一般起针法起针，编织单罗纹，在前后身片和袖子织入提花花样。
※ 采用纵向渡线法编织提花。
2. 在指定位置缝上亮片。
3. 肩部引拔缝合。
4. 单罗纹圈织领口，伏针收针。
5. 用针与行的缝合方法将袖子缝合到身片上，侧边和袖下挑缝缝合。

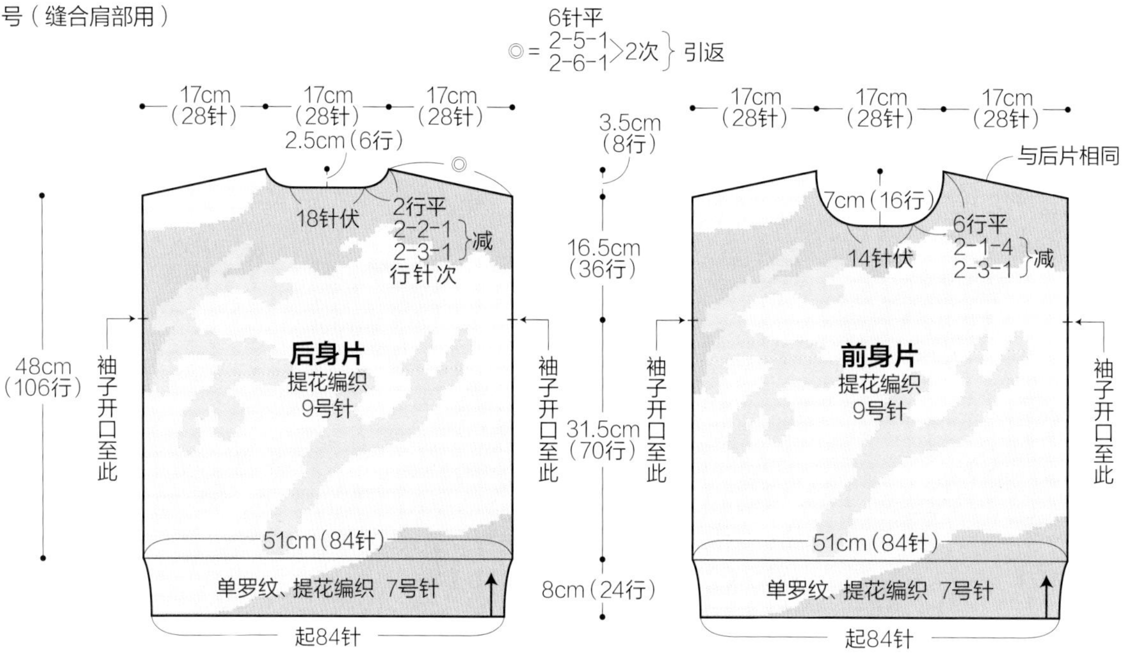

6针平
◎= 2-5-1 2-6-1 2次 引返
17cm（28针）
17cm（28针）
17cm（28针）
2.5cm（6行）
◎
18针伏
2行平
2-2-1
2-3-1 减
行针次
48cm（106行）
袖子开口至此
后身片
提花编织
9号针
51cm（84针）
单罗纹、提花编织 7号针
起84针
3.5cm（8行）
16.5cm（36行）
31.5cm（70行）
8cm（24行）
17cm（28针）
17cm（28针）
17cm（28针）
与后片相同
7cm（16行）
6行平
2-1-4
2-3-1 减
14针伏
前身片
提花编织
9号针
51cm（84针）
单罗纹、提花编织 7号针
起84针

※配色参照编织图。

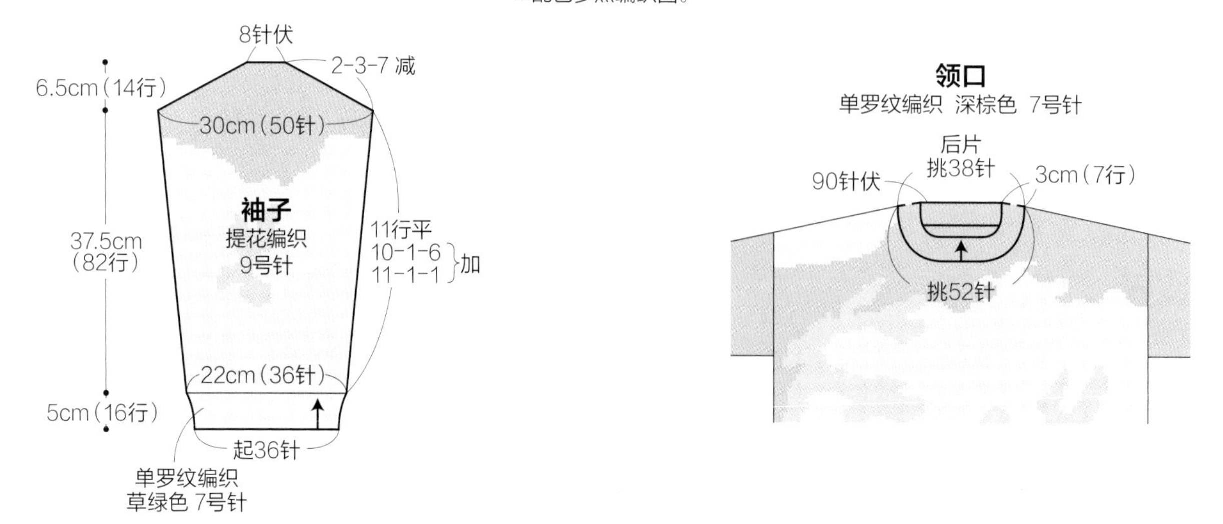

8针伏
2-3-7 减
6.5cm（14行）
30cm（50针）
袖子
提花编织
9号针
37.5cm（82行）
11行平
10-1-6
11-1-1 加
22cm（36针）
5cm（16行）
起36针
单罗纹编织
草绿色 7号针
领口
单罗纹编织 深棕色 7号针
后片
挑38针
90针伏
3cm（7行）
挑52针

※为了使提花图解看起来更清晰，
图中用红线将10针×10行的方格进行了划分。

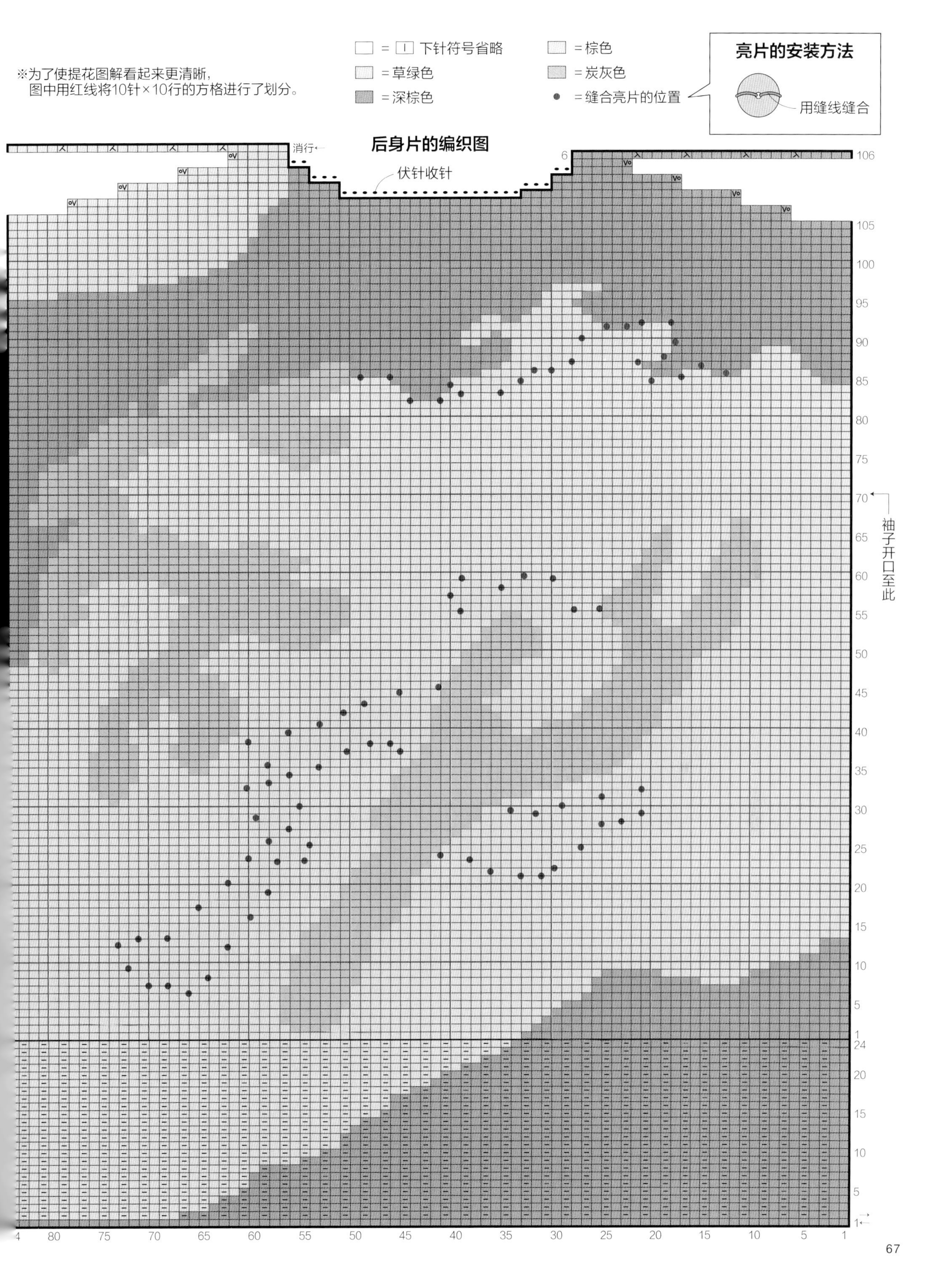

□ = ▯ 下针符号省略
= 草绿色
= 深棕色
= 棕色
= 炭灰色
● = 缝合亮片的位置
亮片的安装方法
用缝线缝合
后身片的编织图
消行←
伏针收针
袖子开口至此
106
105
100
95
90
85
80
75
70
65
60
55
50
45
40
35
30
25
20
15
10
5
1
24
20
15
10
5
1
80
75
70
65
60
55
50
45
40
35
30
25
20
15
10
5
1

※为了使提花图解看起来更清晰，
图中用红线将10针×10行的方格进行了划分。

□ = ⎕ 下针符号省略
= 草绿色
= 深棕色
= 棕色
= 炭灰色
● = 缝合亮片的位置

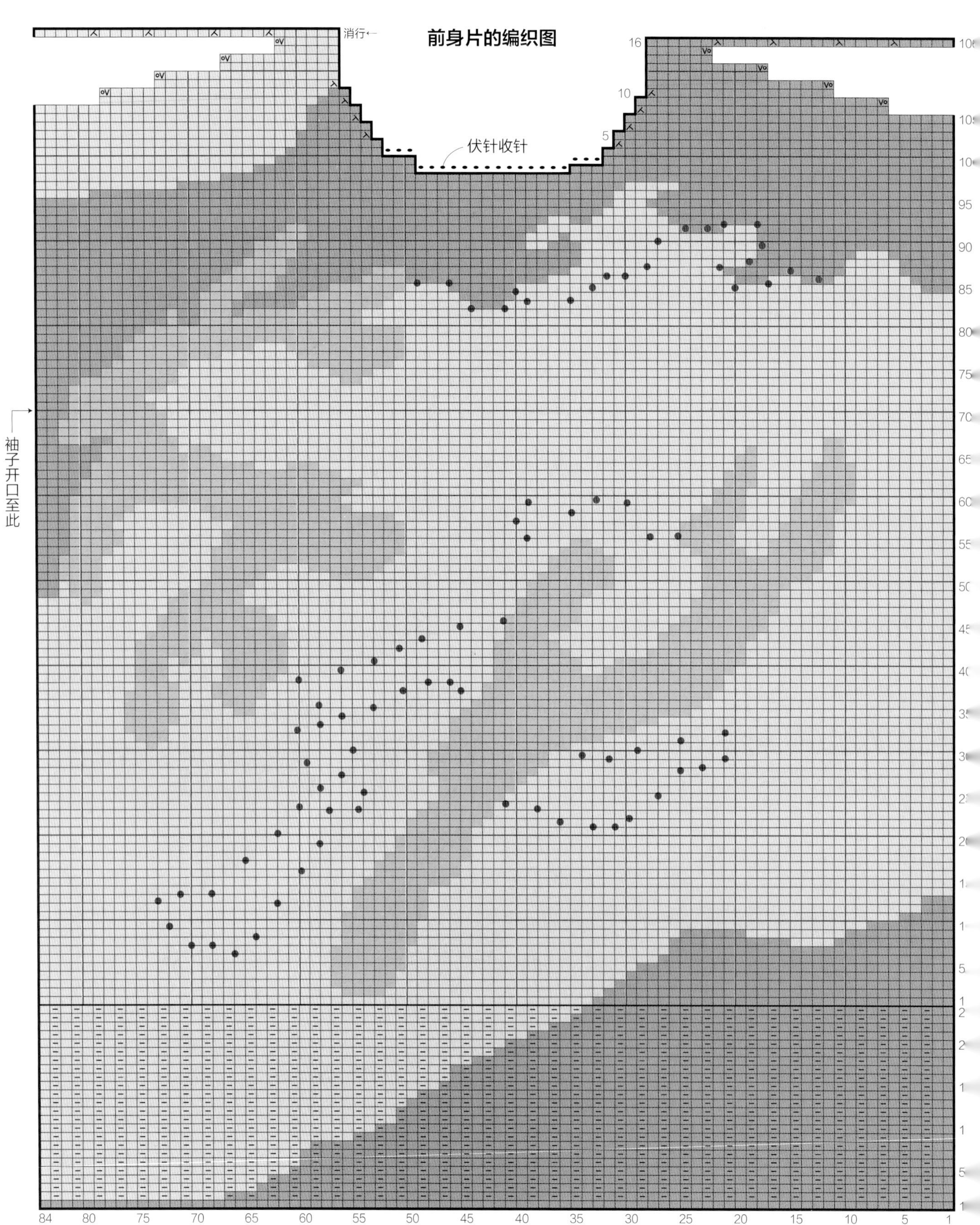

前身片的编织图
消行←
伏针收针
袖子开口至此
16
10
5
84
80
75
70
65
60
55
50
45
40
35
30
25
20
15
10
5
1

领口的编织图

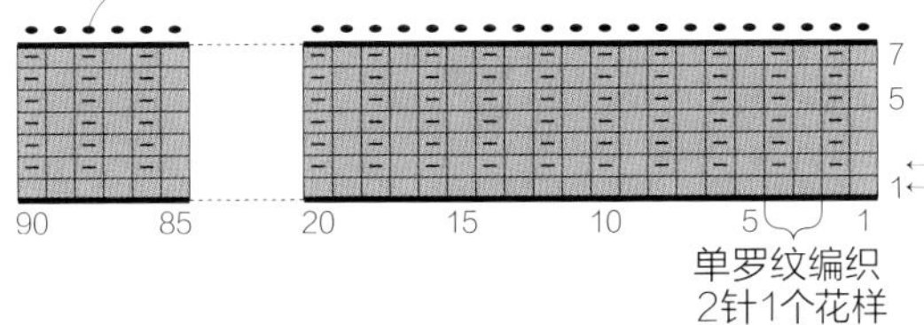
一边编织单罗纹一边伏针收针
7
5
1
90
85
20
15
10
5
1
单罗纹编织
2针1个花样

□ = 草绿色
□ = 棕色
■ = 深棕色
□ = 炭灰色
● = 缝合亮片的位置

□ = 丨 下针符号省略
ჲ = 扭加针

袖子的编织图

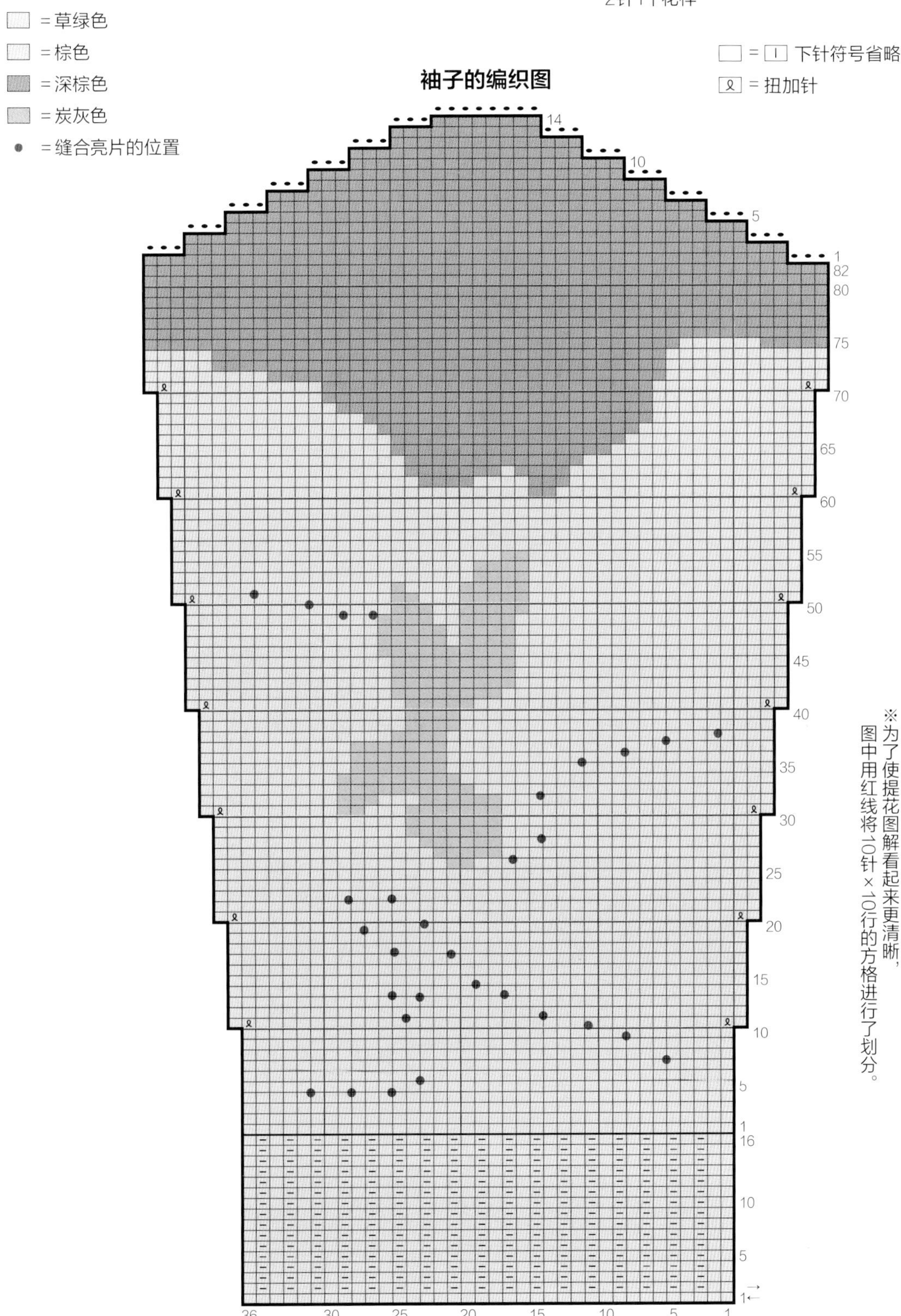
14
10
5
1
82
80
75
70
65
60
55
50
45
40
35
30
25
20
15
10
5
1
16
10
5
1
36
30
25
20
15
10
5
1

※为了使提花图解看起来更清晰，图中用红线将10针×10行的方格进行了划分。

 p.25

[使用线材]

PUPPY Julika Mohair
浅茶色（311）140g

PUPPY British Eroica
深棕色（208）65g
草绿色（197）50g

PUPPY Primitivo
炭灰色（105）50g

[其他材料]
TOHO 亮片 龟甲形 · 橙色
（810 · 6mm）63 片

[工具]
2 根单头棒针 9 号
钩针 9/0 号（起针用）

[编织密度（10cm×10cm）]
提花花样 16 针 ×22 行

[完成尺寸]
宽 20cm 长 163.5cm

[编织方法]
1. 采用“之后再解开的另线起针法”起针，编织提花做成围巾，伏针收针。
※ 采用纵向渡线法编织提花。
2. 解开别线挑起针脚，用第 1 行的同色线伏针收针。
3. 在指定位置缝上亮片。
4. 两侧挑缝缝合，上下两端卷针缝合。

※为了使提花图解看起来更清晰，图中用红线将10针×10行的方格进行了划分。

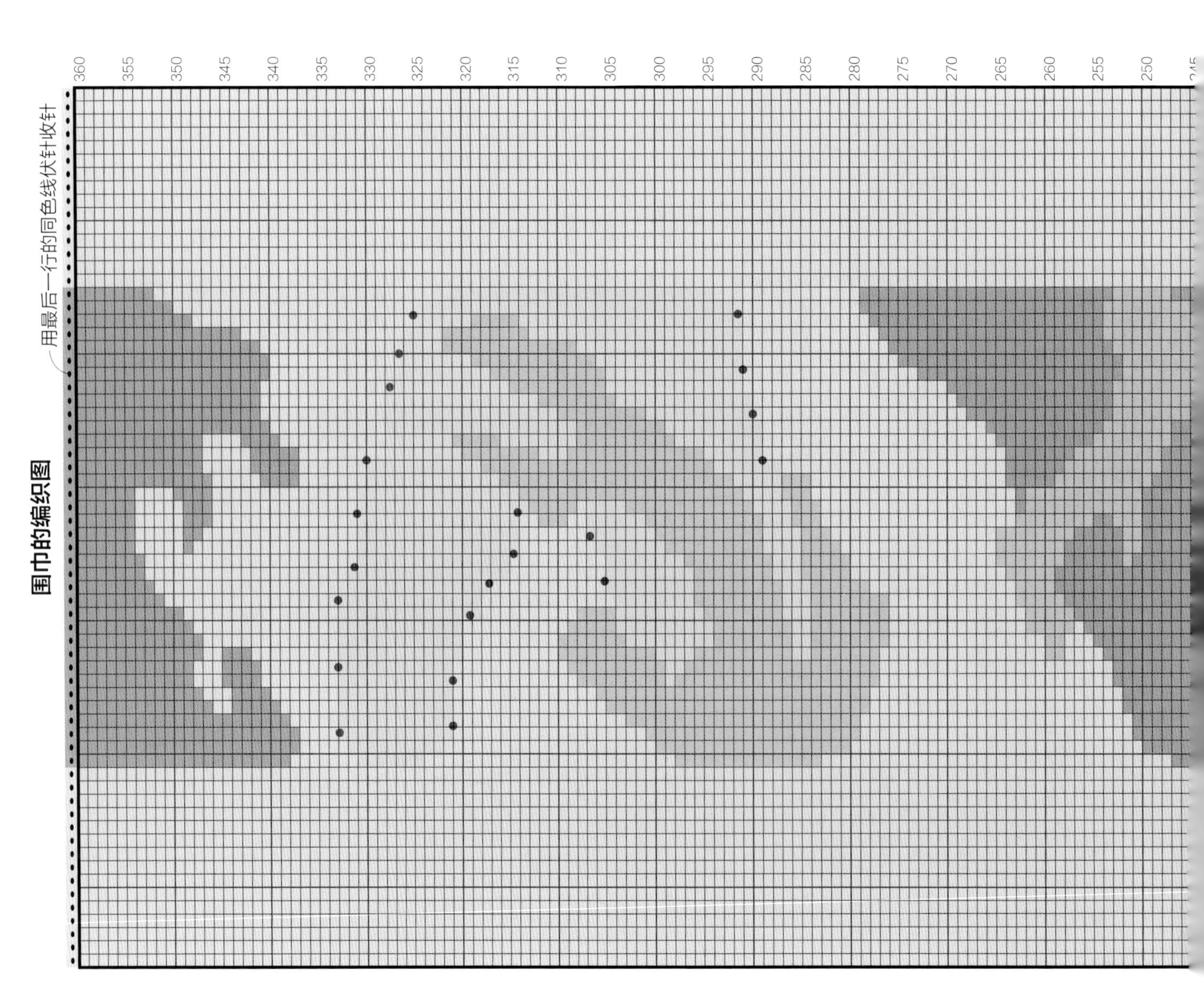
360
355
350
345
340
335
330
325
320
315
310
305
300
295
290
285
280
275
270
265
260
255
250
用最后一行的同色线伏针收针
围巾的编织图

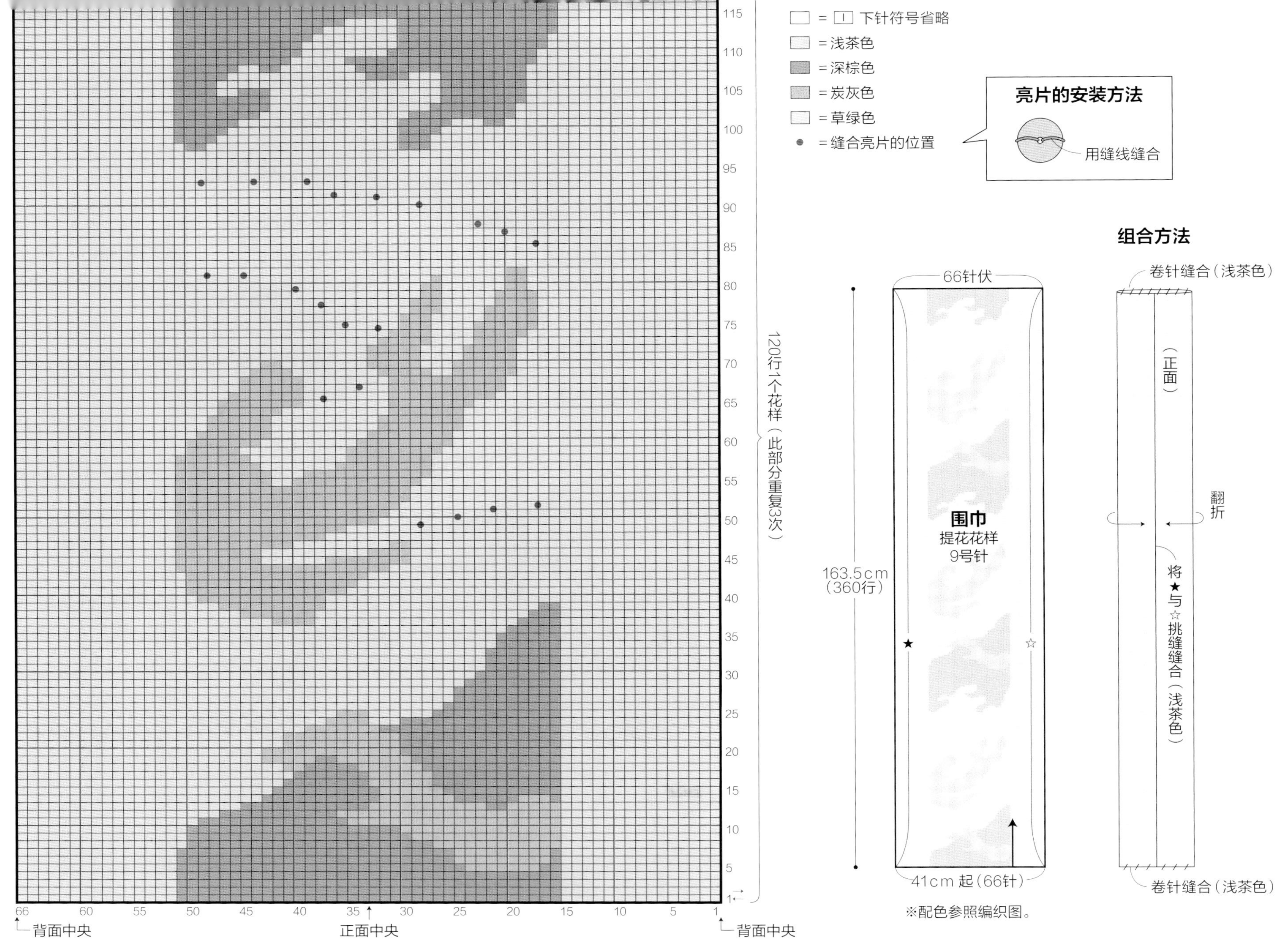

= 下针符号省略
= 浅茶色
= 深棕色
= 炭灰色
= 草绿色
= 缝合亮片的位置
120行1个花样（此部分重复3次）
背面中央
正面中央
背面中央
亮片的安装方法
用缝线缝合
组合方法
66针伏
围巾
提花花样
9号针
163.5cm
（360行）
41cm 起（66针）
※配色参照编织图。
卷针缝合（浅茶色）
（正面）
翻折
将★与☆挑缝缝合（浅茶色）
卷针缝合（浅茶色）

p.26, 27

[使用线材]

PUPPY Julika Mohair
浅茶色（311）140g

PUPPY British Eroica
深棕色（208）65g
草绿色（197）50g

PUPPY Primitivo
炭灰色（105）50g

[其他材料]

TOHO 亮片 龟甲形 · 橙色
（810 · 6mm）63 片

[工具]

2 根单头棒针 9 号
钩针 9/0 号（起针用）

[工具]

2 根单头棒针 6 号、4 号
4 根双头棒针 4 号
钩针 6/0 号（缝合肩部、袖子用）

[编织密度（10cm×10cm）]

平针、提花花样 19 针 ×27 行

[完成尺寸]

胸围 96cm 肩宽 39cm
衣长 57cm 袖长 56cm

[编织方法]

1. 使用一般起针法起针，编织后身片的花样和平针，编织袖子。
2. 使用一般起针法起针，编织前身片的花样和提花。
※ 采用纵向渡线法编织提花。
3. 在前身片刺绣。
4. 肩部引拔缝合。
5. 领口圈织花样，伏针收针。
6. 侧边和袖下挑缝缝合。
7. 用引拔缝合的方法将袖子缝合到身片上。

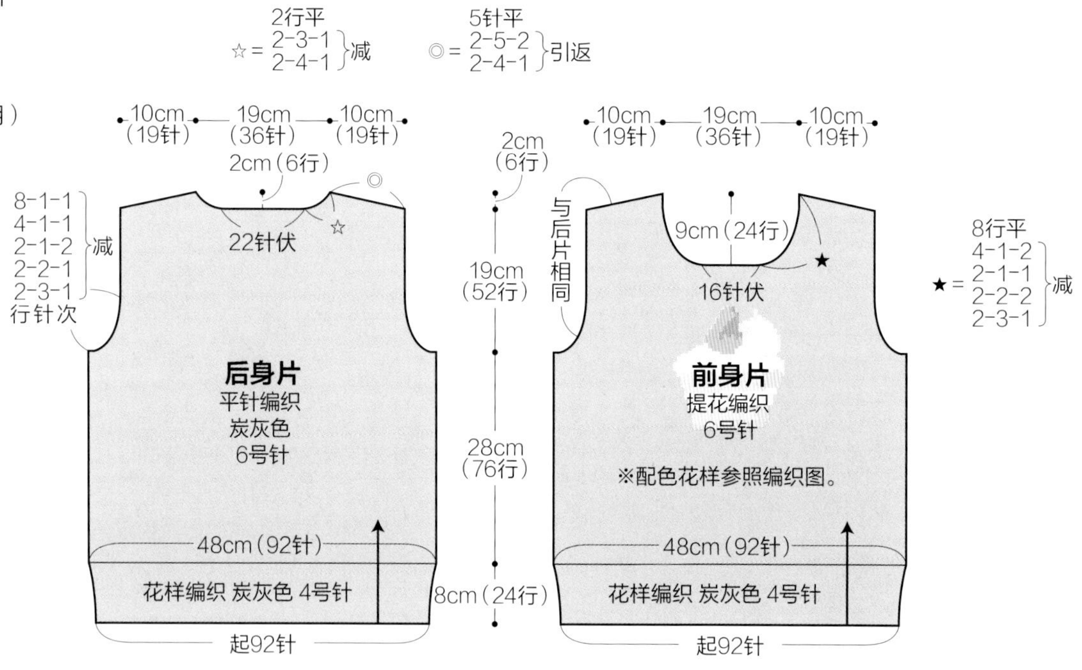

☆＝ 2行平 2-3-1 2-4-1 减
◎＝ 5针平 2-5-2 2-4-1 引返
10cm（19针） 19cm（36针） 10cm（19针）
2cm（6行）
22针伏
8-1-1
4-1-1
2-1-2
2-2-1
2-3-1
行针次
减
后身片
平针编织
炭灰色
6号针
48cm（92针）
花样编织 炭灰色 4号针
起92针
2cm（6行）
19cm（52行）
28cm（76行）
8cm（24行）
与后片相同
9cm（24行）
16针伏
前身片
提花编织
6号针
※配色花样参照编织图。
★＝ 8行平 4-1-2 2-1-1 2-2-2 2-3-1 减

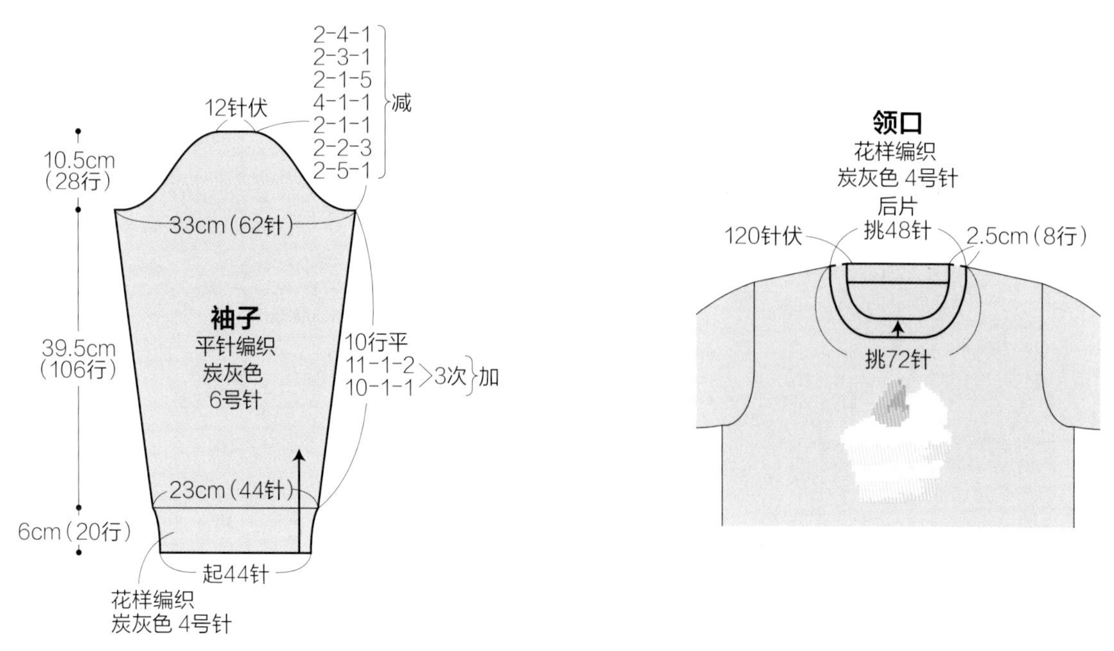

12针伏
2-4-1
2-3-1
2-1-5
4-1-1
2-1-1
2-2-3
2-5-1
减
10.5cm（28行）
33cm（62针）
袖子
平针编织
炭灰色
6号针
39.5cm（106行）
10行平
11-1-2
10-1-1
3次
加
23cm（44针）
6cm（20行）
起44针
花样编织
炭灰色 4号针
领口
花样编织
炭灰色 4号针
后片
挑48针
120针伏
2.5cm（8行）
挑72针

后身片的编织图

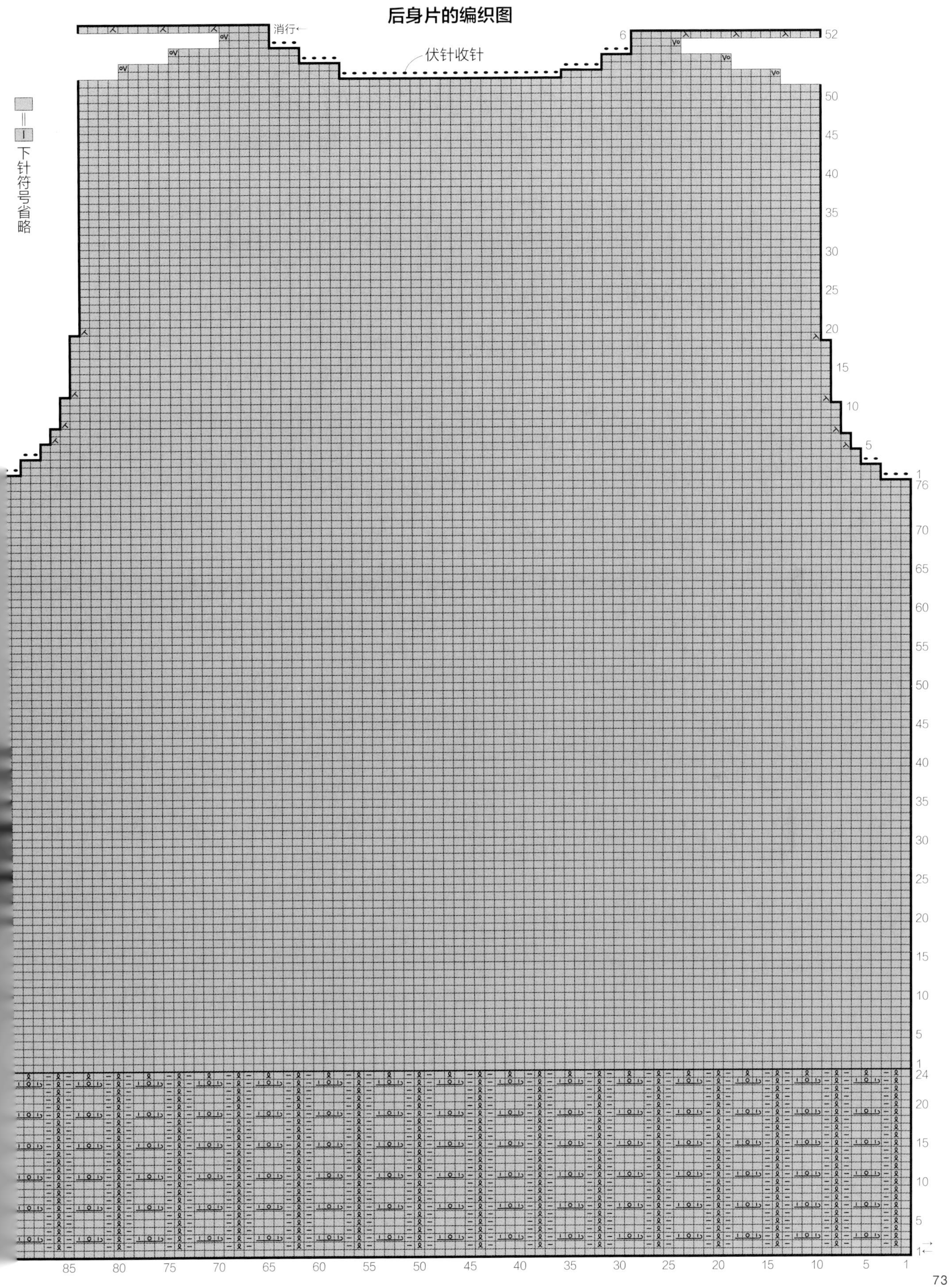

消行
伏针收针
下针符号省略

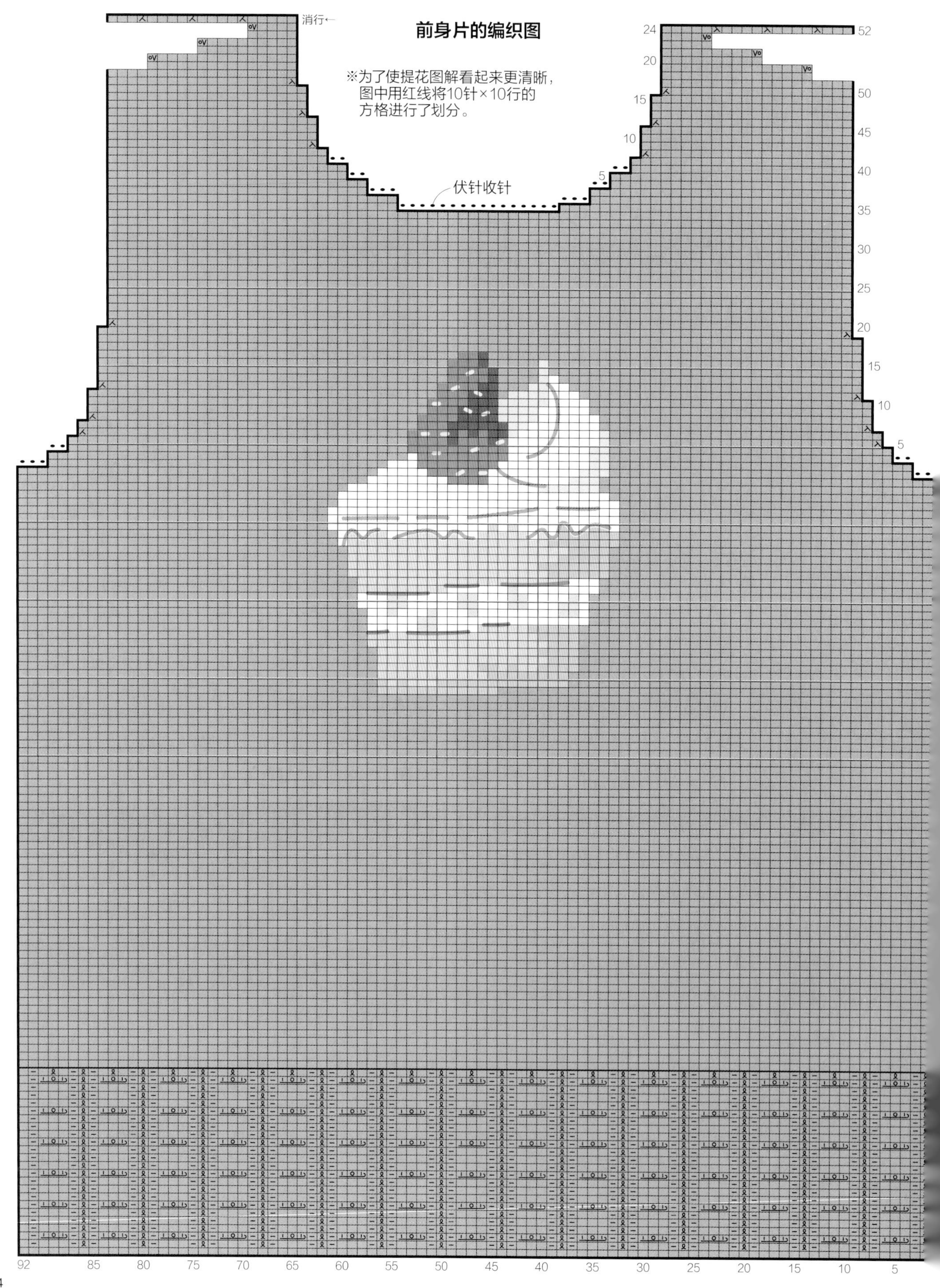

前身片的编织图
※为了使提花图解看起来更清晰，
图中用红线将10针×10行的
方格进行了划分。
消行←
伏针收针
24
20
15
10
5
52
50
45
40
35
30
25
20
15
10
5
92
85
80
75
70
65
60
55
50
45
40
35
30
25
20
15
10
5

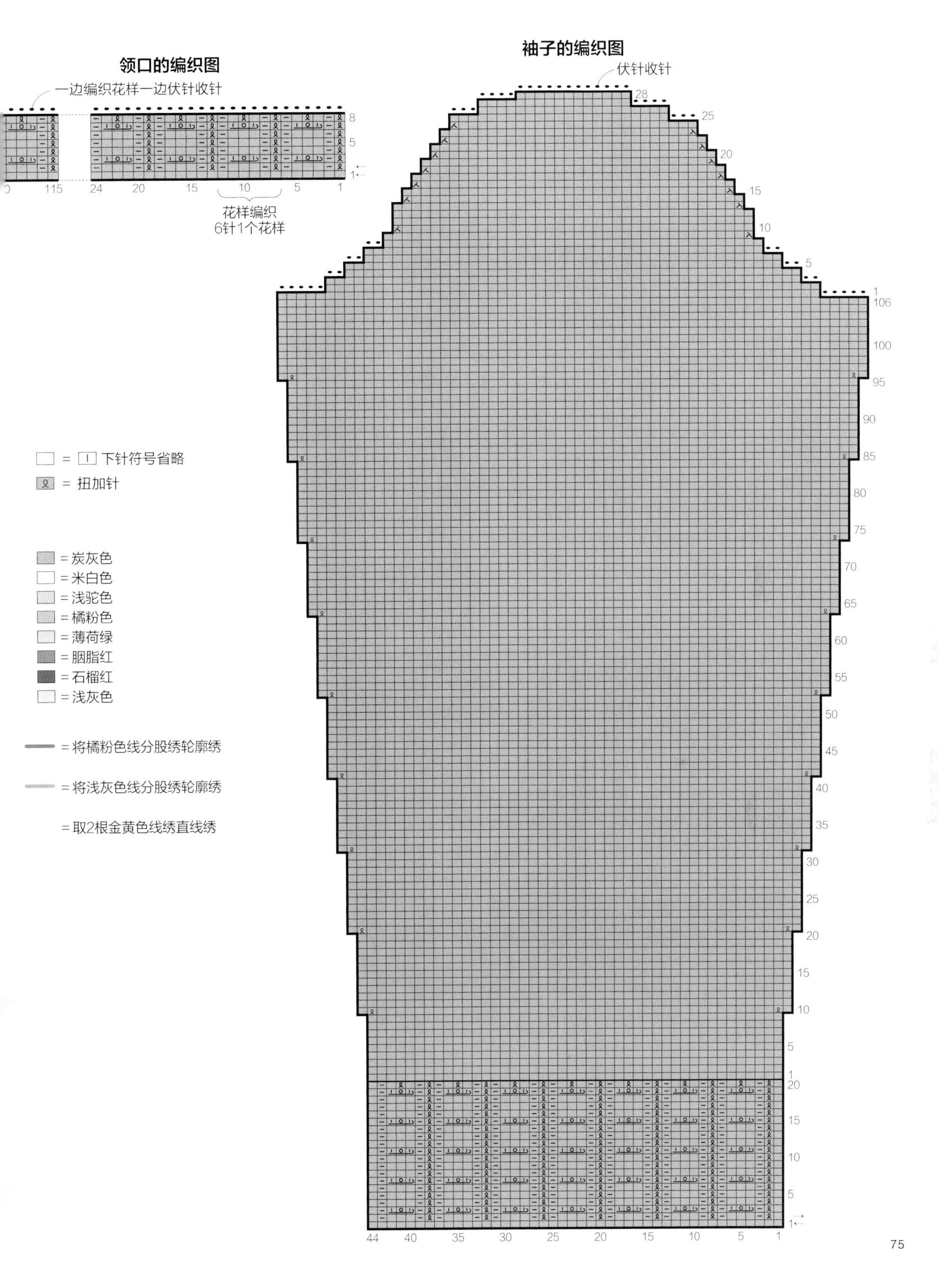

领口的编织图
一边编织花样一边伏针收针
花样编织
6针1个花样
袖子的编织图
伏针收针
= 下针符号省略
= 扭加针
= 炭灰色
= 米白色
= 浅驼色
= 橘粉色
= 薄荷绿
= 胭脂红
= 石榴红
= 浅灰色
= 将橘粉色线分股绣轮廓绣
= 将浅灰色线分股绣轮廓绣
= 取2根金黄色线绣直线绣

13

p.28

[使用线材]

PUPPY Queen Anny

蓝色（111）95g
米白色（869）5g
浅驼色（101）5g
橘粉色（988）3g
薄荷绿（989）3g
胭脂红（109）1g
石榴红（817）1g
浅灰色（976）1g

PUPPY Miroir<Perle>

金黄色（404）少许

[其他材料]

内衬用布 20cm×56cm
斜纹布带（宽 1.5cm）111cm

[工具]

2 根单头棒针 6 号
钩针 6/0 号

[编织密度（10cm×10cm）]

平针、提花花样 20.5 针 ×27 行

[完成尺寸]

纵向 25.5cm 横向 17cm

[编织方法]

1. 使用一般起针法起针，后面编织平针，前面编织提花，伏针收针
※ 采用纵向渡线法编织提花。
2. 在前面刺绣。
3. 底部平针订缝，侧边挑缝缝合。
4. 编织边缘。
5. 锁针起针，短针钩背带。
6. 如图所示制作背带。
7. 制作内衬袋，和背带一起缝合在包上。

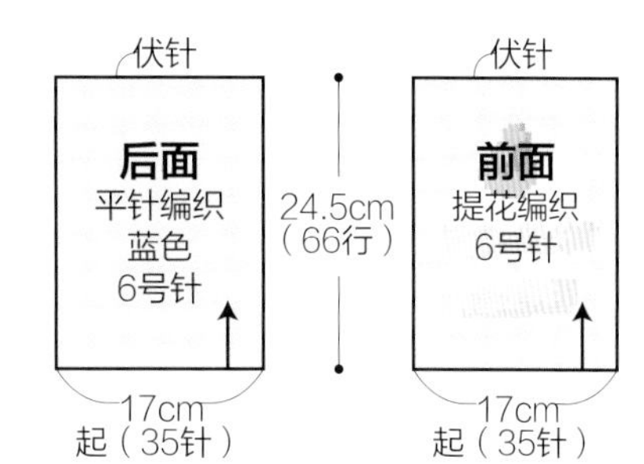
伏针
后面
平针编织
蓝色
6号针
24.5cm
（66行）
伏针
前面
提花编织
6号针
17cm
起（35针）
17cm
起（35针）

□ = □ 下针符号省略
□ = 蓝色
□ = 米白色
□ = 浅驼色
□ = 橘粉色
□ = 薄荷绿
□ = 胭脂红
□ = 石榴红
□ = 浅灰色

= 取两根金黄色线绣直线绣
= 将橘粉色线分股绣轮廓绣
= 将浅灰色线分股绣轮廓绣

前面的编织图

伏针收针
35
30
25
20
15
10
5
1

※为了使提花图解看起来更清晰，
图中用红线将10针×10行的方格进行了划分。

编织边缘
蓝色
钩针6/0号

1cm
（2行）
1圈
挑66针
平针订缝
挑缝

边缘的编织图

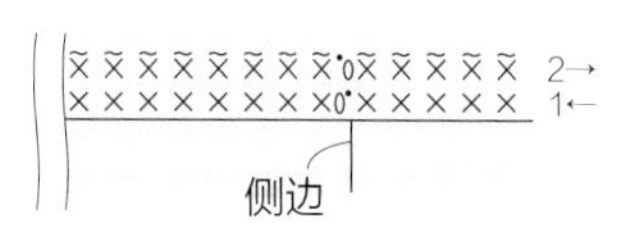
2→
1←
侧边

线的分股方法

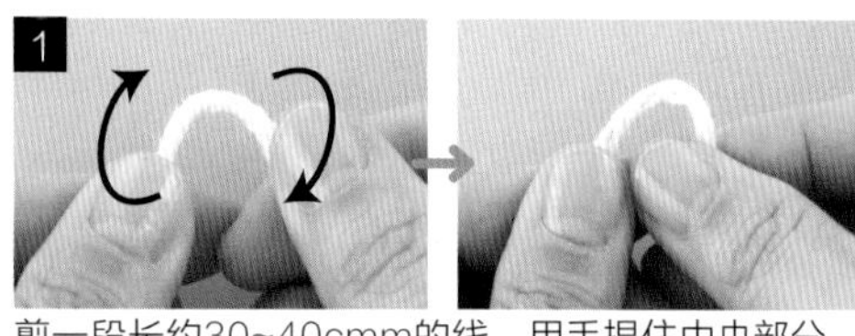
1

剪一段长约30~40cmm的线。用手捏住中央部分，按照箭头方向扭转线，将线拧松。

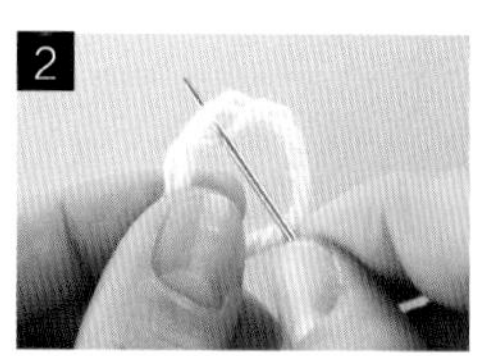
2

将缝针插入其中2股线的缝隙中。

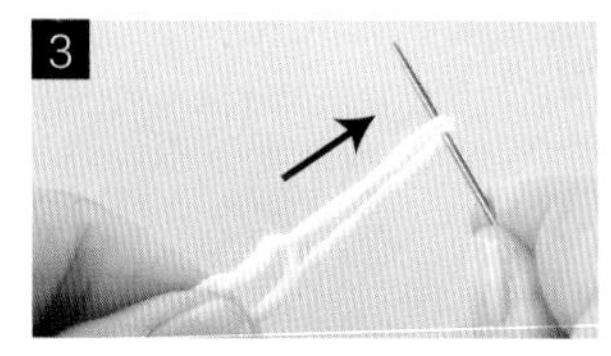
3

用缝针轻轻拉出2股线。

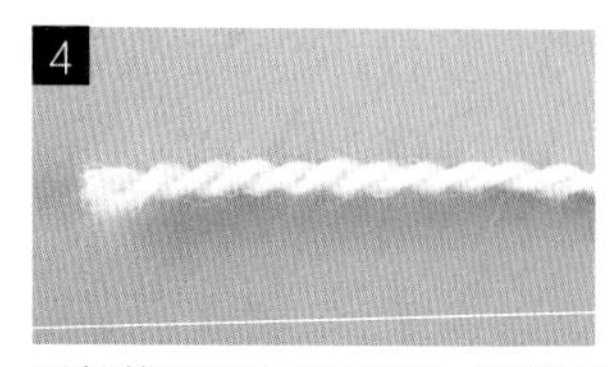
4

重新整理取出的2股线，用蒸汽熨斗熨烫平整。

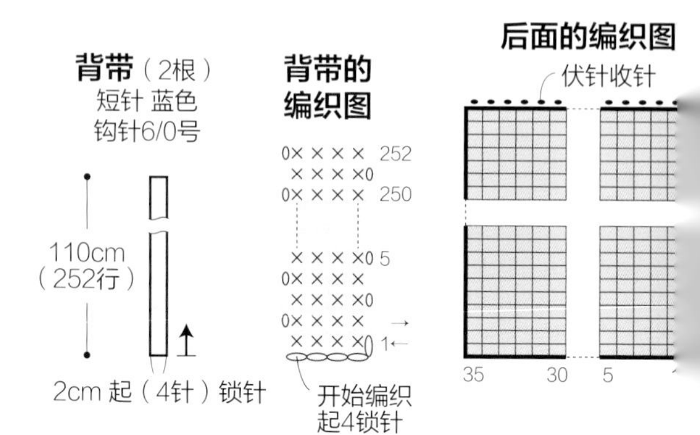
背带（2根）
短针 蓝色
钩针6/0号
110cm
（252行）
2cm 起（4针）锁针
背带的
编织图
252
250
5
2→
1←
开始编织
起4锁针
后面的编织图
伏针收针
35
30
5

内衬袋的制作方法

※p.53的 *5* 和p.56的 *6* 的内衬袋也采用相同的方法制作。

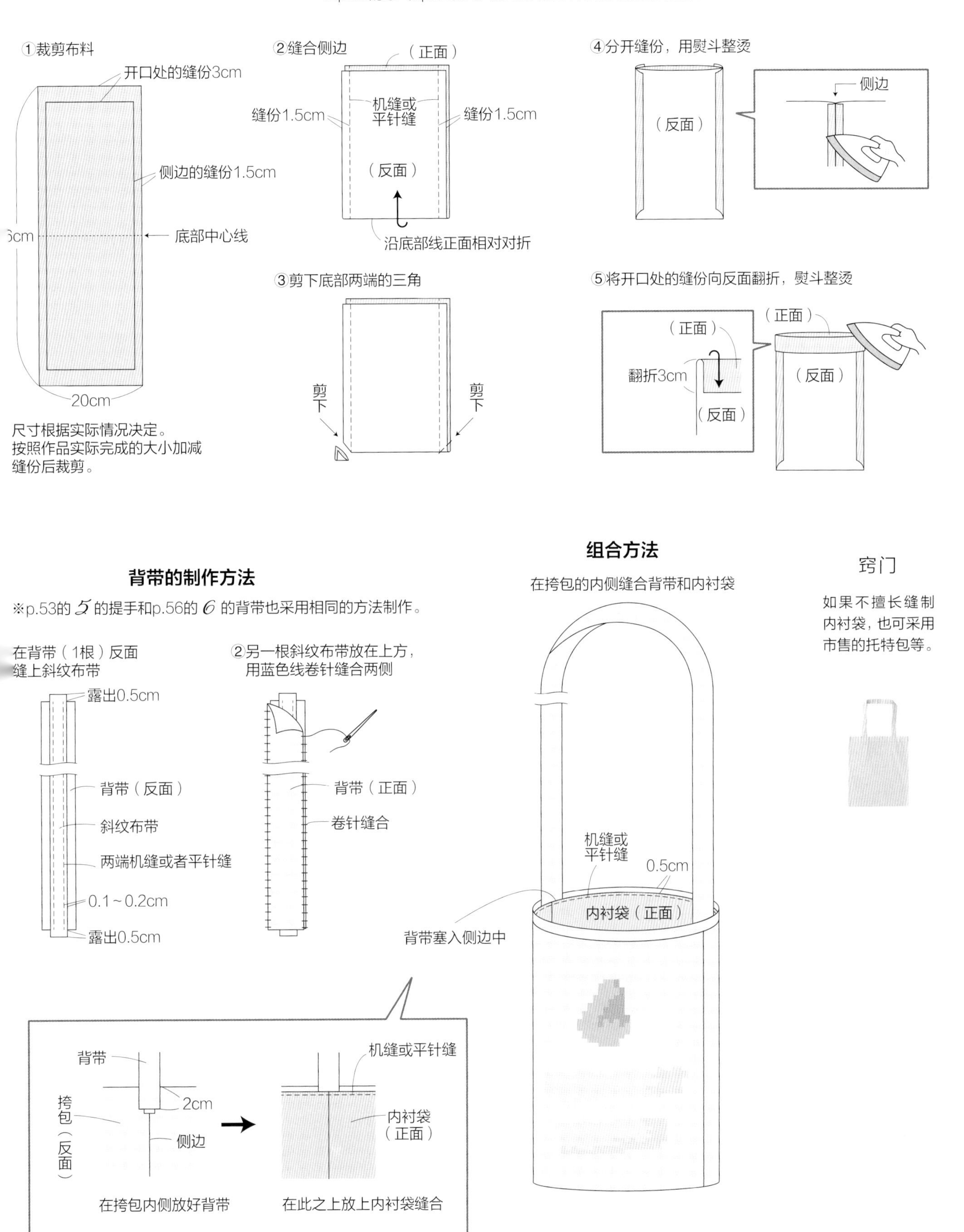

①裁剪布料
开口处的缝份3cm
侧边的缝份1.5cm
底部中心线
cm
20cm
尺寸根据实际情况决定。
按照作品实际完成的大小加减
缝份后裁剪。
②缝合侧边
（正面）
缝份1.5cm
机缝或
平针缝
缝份1.5cm
（反面）
沿底部线正面相对对折
③剪下底部两端的三角
剪下
剪下
④分开缝份，用熨斗整烫
（反面）
侧边
⑤将开口处的缝份向反面翻折，熨斗整烫
（正面）
翻折3cm
（反面）
（正面）
（反面）
背带的制作方法
※p.53的 5 的提手和p.56的 6 的背带也采用相同的方法制作。
在背带（1根）反面
缝上斜纹布带
露出0.5cm
背带（反面）
斜纹布带
两端机缝或者平针缝
0.1～0.2cm
露出0.5cm
②另一根斜纹布带放在上方，
用蓝色线卷针缝合两侧
背带（正面）
卷针缝合
组合方法
在挎包的内侧缝合背带和内衬袋
机缝或
平针缝
0.5cm
内衬袋（正面）
背带塞入侧边中
窍门
如果不擅长缝制
内衬袋，也可采用
市售的托特包等。
背带
挎包（反面）
2cm
侧边
在挎包内侧放好背带
机缝或平针缝
内衬袋
（正面）
在此之上放上内衬袋缝合

 p.29

[使用线材]

a

HAMANAKA Rich More Elk
灰色（62）45g

HAMANAKA Rich More Percent
灰色（121）5g
粉色（72）1g
浅绿色（109）1g
黄色（101）少许

b

HAMANAKA Rich More Elk
白色（57）45g

HAMANAKA Rich More Percent
白色（1）5g
浅绿色（109）1g
紫色（60）1g
粉色（72）少许
黄色（101）少许

[其他材料]
HAMANAKA 毛毡鞋垫
（H204-630・24.5cm）1 对

[工具]
钩针 7/0 号、4/0 号

[完成尺寸]
鞋长 24.5cm
※ 由于侧面、鞋头和鞋口钩织得较紧，脚长 23.5cm 左右也可穿着。

[编织方法]
1. 在毛毡鞋垫上挑针钩短针，圈钩侧面。
2. 从侧面上挑针脚钩鞋的短针，在指定位置针缝合。
3. 钩织鞋口边缘。
4. 锁针起针，用短针钩织耳朵、眼睛、鼻
5. 将耳朵、眼睛、鼻装在侧面和鞋头，并行刺绣。

侧面、鞋头的编织图

钩织短针 Elk
钩针7/0号

鞋头
4 …5针（减3针）
3 …8针 } 每行减8针
2 …16针
1 …从侧面挑24针
行

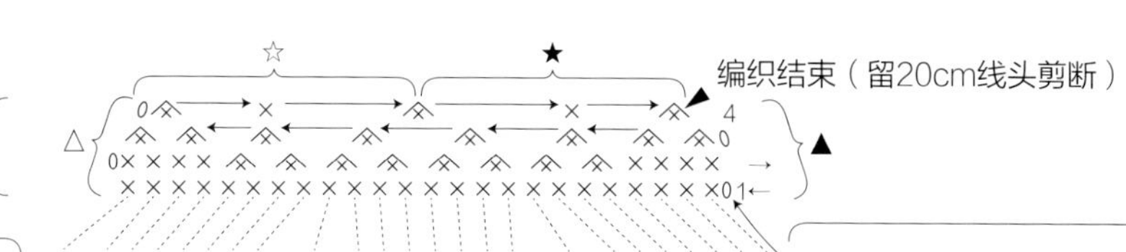

☆
★
编织结束（留20cm线头剪断）
鞋头
◎＝36针

侧面
9 …60针 } 每行减7针
8 …67针
7 …74针 } 不加不减
2 …74针
1 …从毛毡鞋垫的孔中挑74针（1个孔挑1针）
行

脚尖中央
毛毡鞋垫

耳朵的编织图（2片）

钩织短针
a：粉色 *b*：浅绿色
钩针4/0号

开始钩织
起5针锁针

眼睛的编织图（2片）

钩织短针
a：浅绿色 *b*：紫色
钩针4/0号

断线
接线
开始钩织
起5针锁针

鼻子的编织图

钩织短针
a：黄色 *b*：粉色
钩针4/0号

开始钩织
起3针锁针

鞋口的编织图

⋀ ＝ 短针3针并1针

鞋口

钩织短针
a：Rich More灰色
b：Rich More白色
钩针4/0号

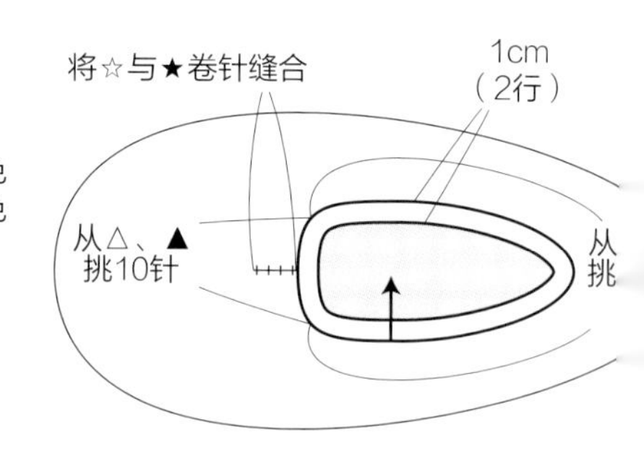

将☆与★卷针缝合
1cm
（2行）
从△、▲
挑10针
从
挑

组合方法

①安装耳朵、眼睛、鼻子

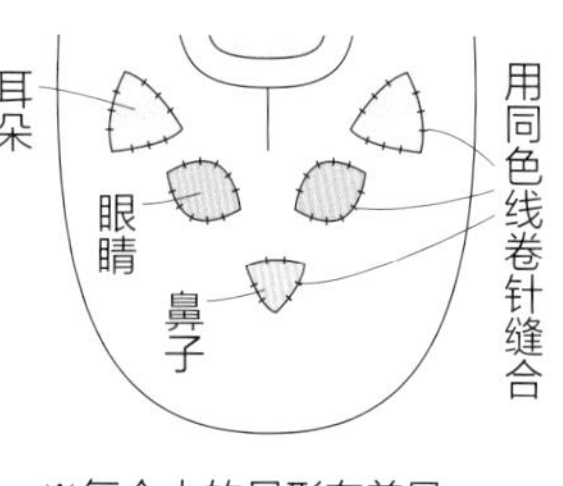

耳朵
眼睛
鼻子
用同色线卷针缝合

※每个人的足形有差异，可根据实际穿着情况将各个配件安装在自己喜欢的位置。

②刺绣

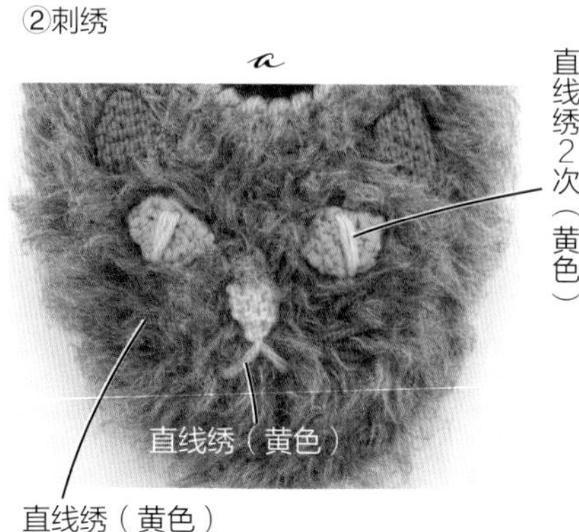

a
直线绣（黄色）
直线绣2次（黄色）

直线绣（黄色）

b

直线绣（浅绿色）

直线绣（浅绿色）

 p.32, 33

用线材]

PPY Queen Anny
紫（983）330g
色（833）10g
色（869）10g
（955）10g
灰（991）10g
（970）1g
绿（989）少许

PPY Primitivo
色（101）6g
（102）5g

[工具]

2 根单头棒针 6 号、4 号
4 根双头棒针 4 号
钩针 6/0 号（缝合肩部用）

[编织密度（10cm×10cm）]

平针、提花花样 18 针 28 行

[完成尺寸]

胸围 100cm 肩宽 45cm 衣长 66cm

[编织方法]

1. 使用一般起针法起针，编织后身片的双罗纹和的平针。
2. 使用一般起针法起针，编织前身片的双罗纹和提花花样。
※ 采用纵向渡线法编织提花。
3. 在前身片刺绣。
4. 肩部引拔缝合，侧边挑缝缝合。
5. 圈织领口和袖口的双罗纹，伏针收针。

◎=
4针平
2-4-1
2-5-2
引返

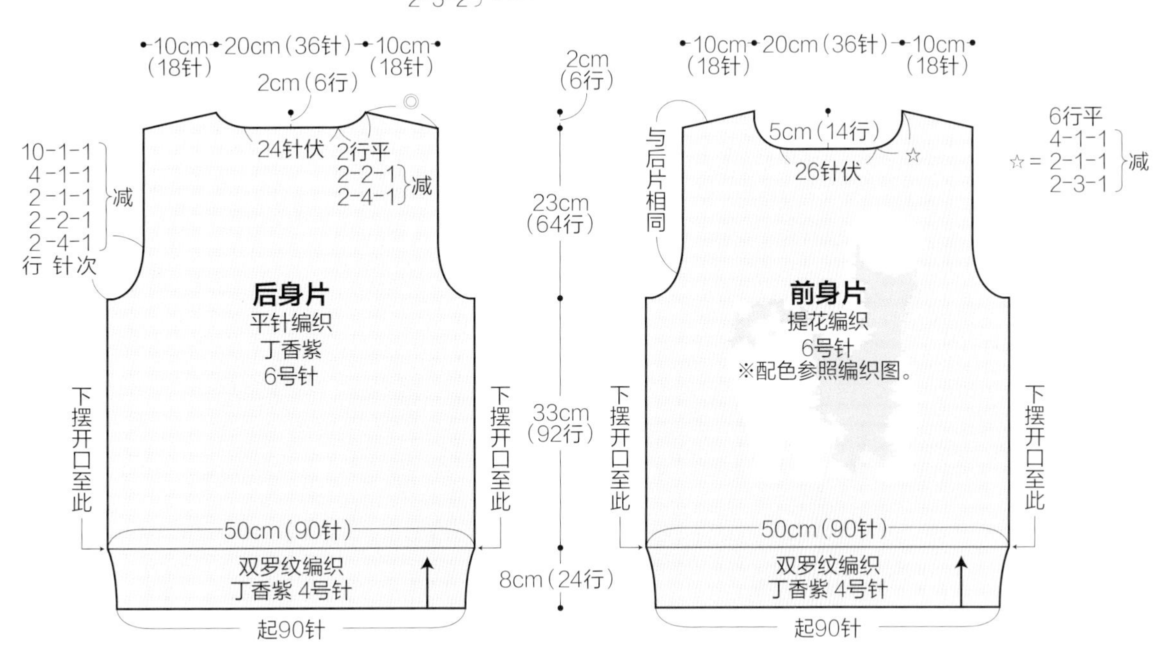

10cm
(18针)
20cm(36针)
10cm
(18针)
2cm(6行)
24针伏
2行平
2-2-1
2-4-1
减
10-1-1
4-1-1
2-1-1
2-2-1
2-4-1
行 针 次
减
后身片
平针编织
丁香紫
6号针
下摆开口至此
50cm(90针)
双罗纹编织
丁香紫 4号针
起90针
2cm
(6行)
23cm
(64行)
33cm
(92行)
8cm(24行)
10cm
(18针)
20cm(36针)
10cm
(18针)
与后片相同
5cm(14行)
26针伏
☆=
6行平
4-1-1
2-1-1
2-3-1
减
前身片
提花编织
6号针
※配色参照编织图。
下摆开口至此
50cm(90针)
双罗纹编织
丁香紫 4号针
起90针

面部的刺绣

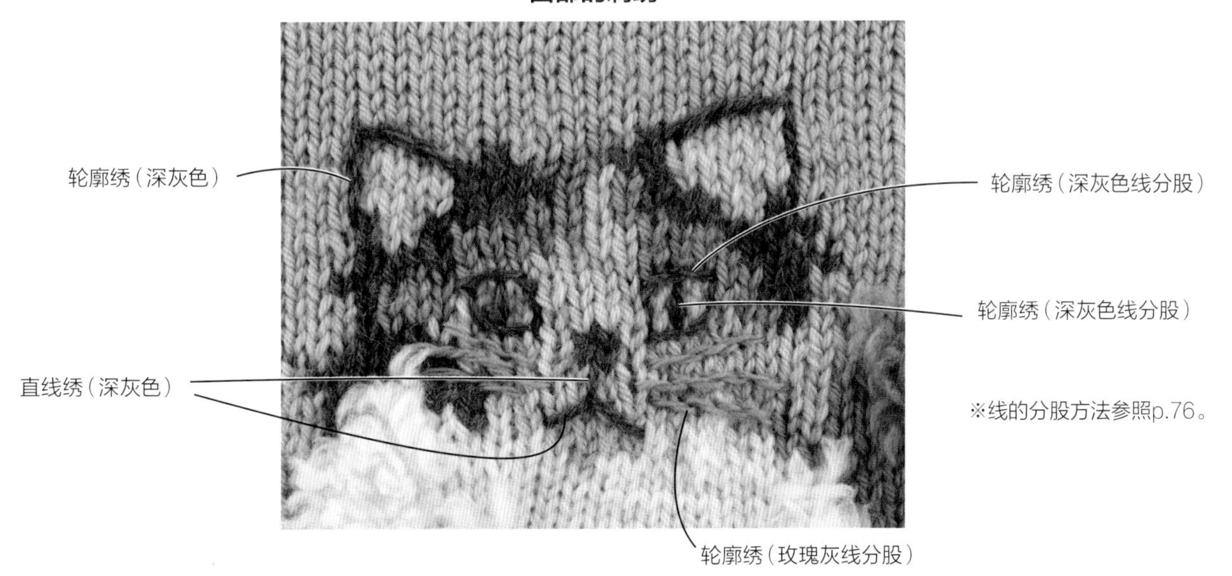

轮廓绣（深灰色）
直线绣（深灰色）
轮廓绣（深灰色线分股）
轮廓绣（深灰色线分股）
轮廓绣（玫瑰灰线分股）

※线的分股方法参照p.76。

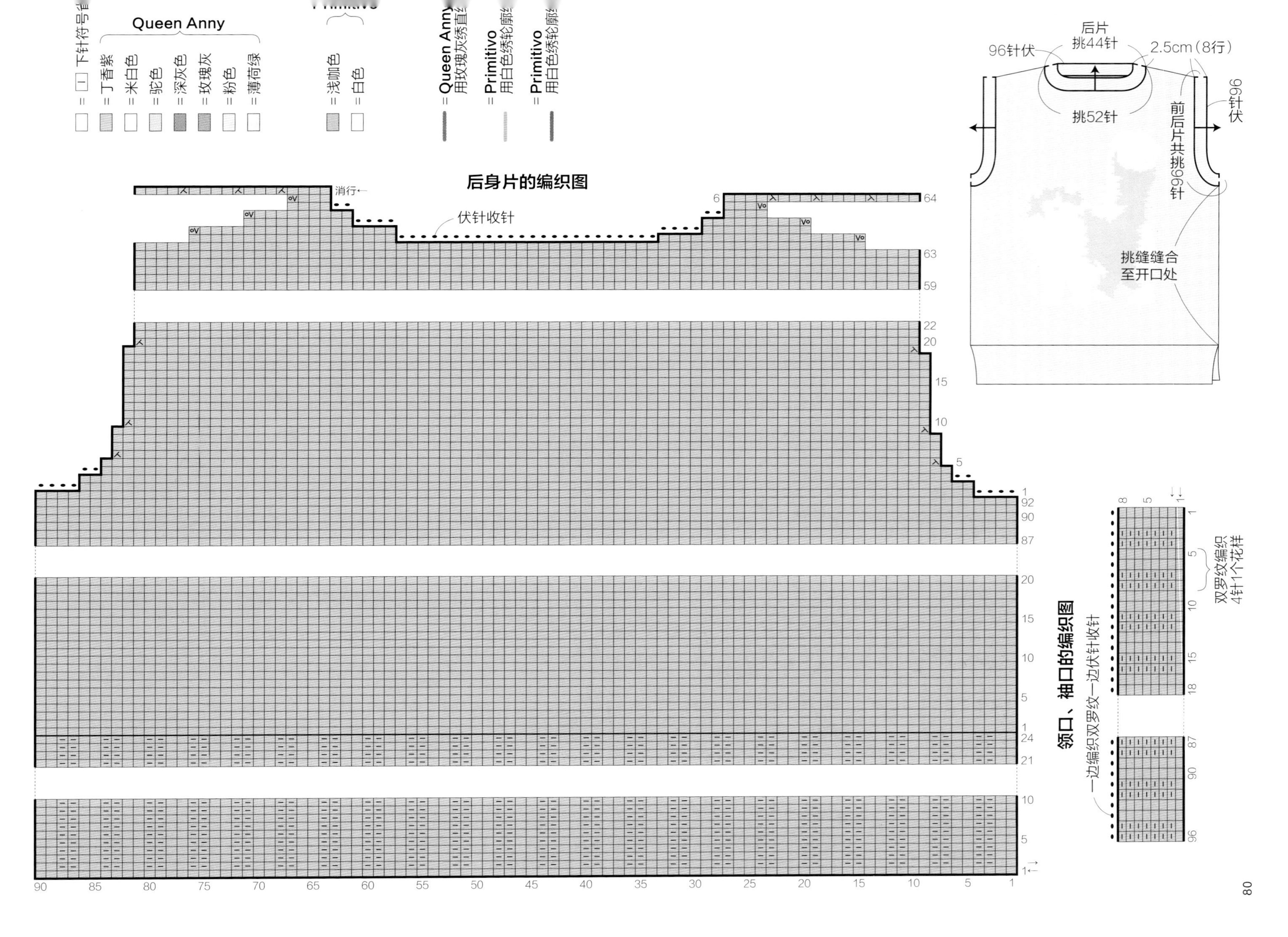

后身片的编织图
伏针收针
消行
领口、袖口的编织图
一边编织双罗纹一边伏针收针
双罗纹编织
4针1个花样
= 下针符号省
=丁香紫
=米白色
=驼色
=深灰色
=玫瑰灰
=粉色
=薄荷绿
Queen Anny
=浅咖色
=白色
=Queen Anny
用玫瑰灰绣直
=Primitivo
用白色绣轮廓
=Primitivo
用白色绣轮廓
96针伏
后片
挑44针
2.5cm（8行）
挑52针
96针伏
前后片共挑96针
挑缝缝合
至开口处

前身片的编织图

※面部刺绣参照前图。

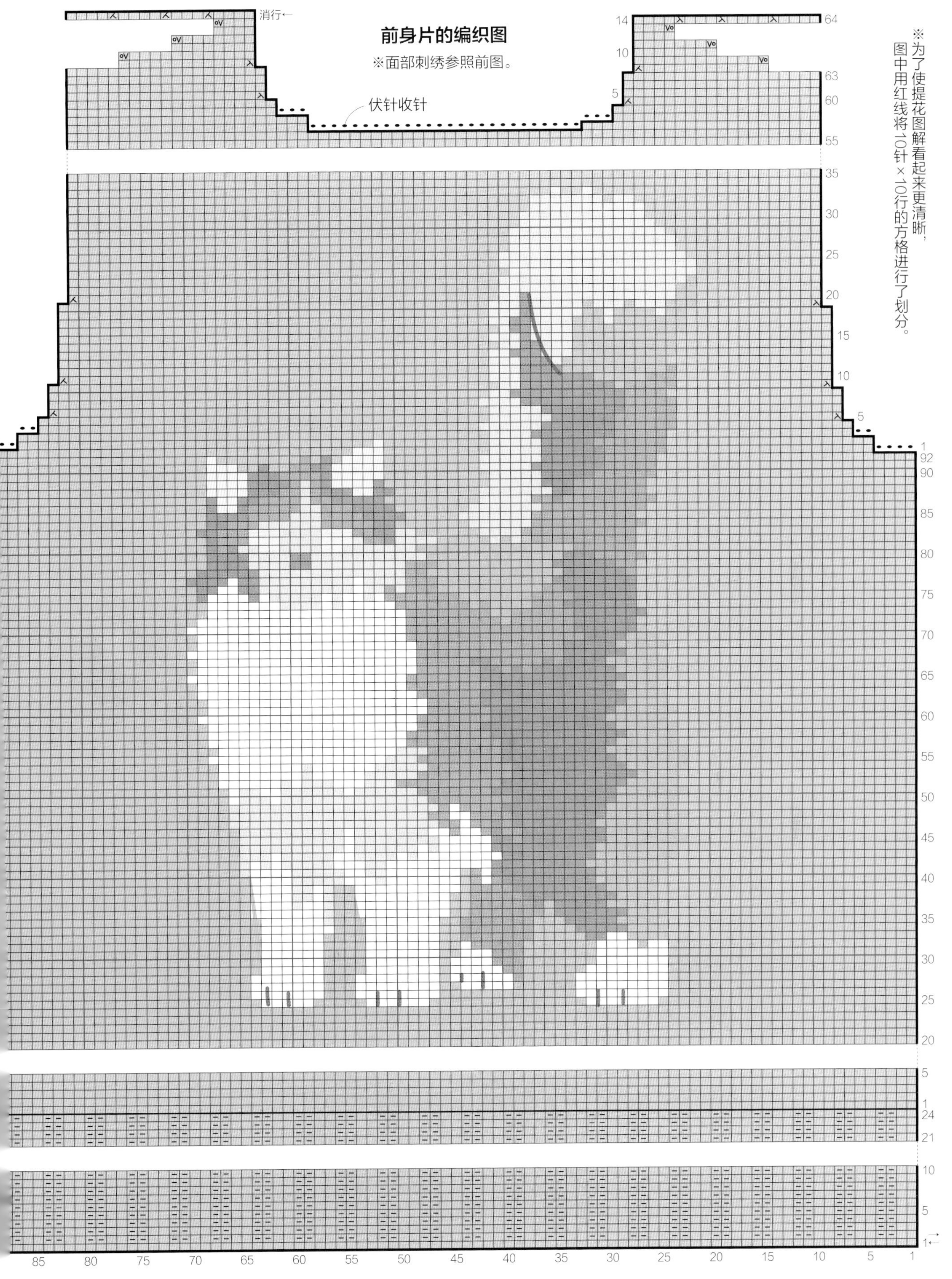
消行
伏针收针

※为了使提花图解看起来更清晰，图中用红线将10针×10行的方格进行了划分。

15

p.30, 31

[使用线材]

DARUMA Sprout
生成色（1）45g

DARUMA Wool Mohair
生成色（1）35g
灰色（6）35g

DARUMA GENMOU
浅驼色（16）25g

DARUMA LOOP
生成色（1）25g

DARUMA Soft Tam
蓝灰色（16）25g
金黄色（15）5g
生成色（1）3g

DARUMA Fake Far
灰色（1）7.5m

[工具]

2 根单头棒针 10 号
钩针 4/0 号

[编织密度（10cm×10cm）]

花样 A 16 针 ×20 行
花样 B 15.5 针 ×22 行
花样 C 17.5 针 ×20 行

[完成尺寸]

宽 16cm 长 145cm（含脚掌）

[编织方法]

1. 采用"之后再解开的别线起针法"起针，编织花样 A、B、C 做成围巾，伏针收针。

※ 花样 A、C 采用横向渡线法编织。

2. 解开别线挑起针脚，编织头部的 D 花样，伏针收针。

※ 采用纵向渡线法编织花样 D。

3. 进行刺绣。
4. 锁针起针钩织脚掌。
5. 挑缝缝合侧边。
6. 将编织完成的主体和头部卷针缝合。
7. 安装脚掌，在此基础上使用Fake Far线材卷针缝。

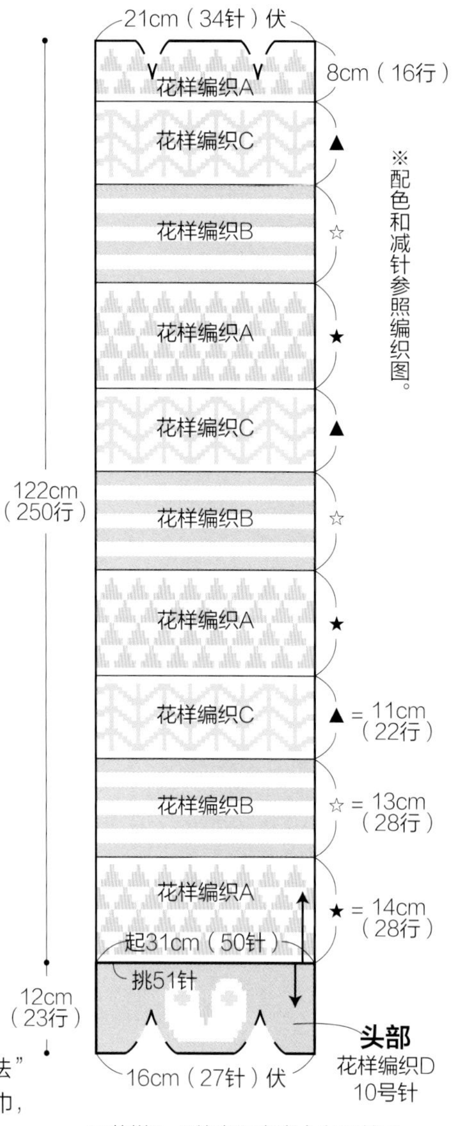
围巾
10号针
21cm（34针）伏
8cm（16行）
花样编织A
花样编织C
花样编织B
花样编织A
花样编织C
花样编织B
花样编织A
花样编织C
花样编织B
花样编织A
※配色和减针参照编织图。
122cm（250行）
▲ = 11cm（22行）
☆ = 13cm（28行）
★ = 14cm（28行）
起31cm（50针）
挑51针
12cm（23行）
16cm（27针）伏
头部
花样编织D
10号针

※花样A~D的实际宽度会有所差异。
・花样A = 31cm
・花样B = 32cm
・花样C = 28.5cm
・花样D = 31cm

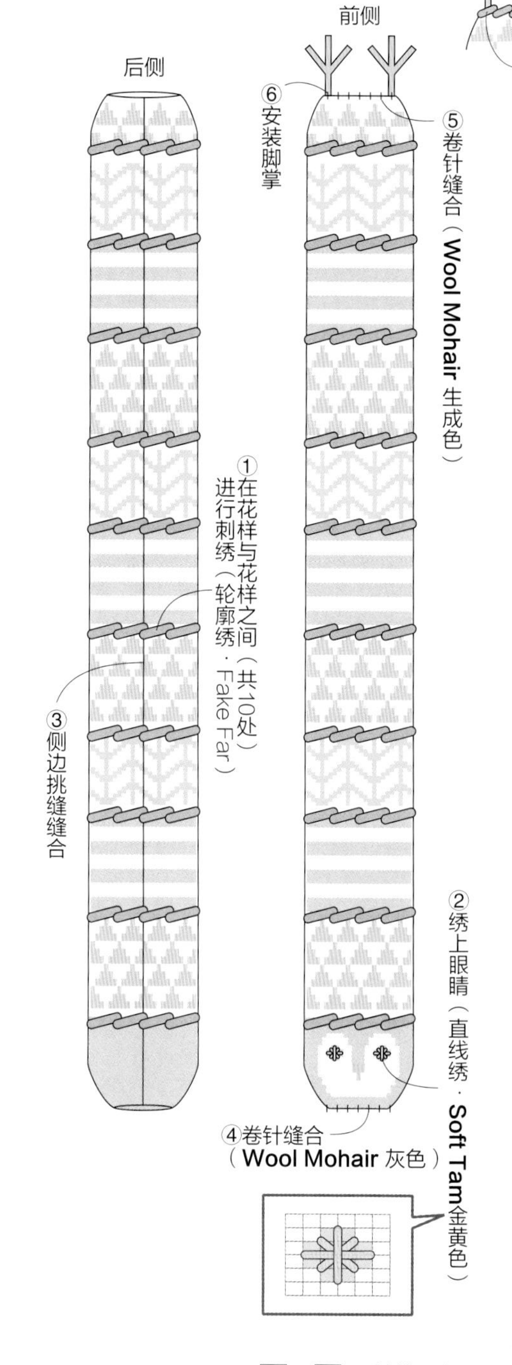
组合方法
后侧
前侧
⑥安装脚掌
⑤卷针缝合（Wool Mohair 生成色）
①在花样与花样之间进行刺绣（轮廓绣・Fake Far）（共10处）
③侧边挑缝缝合
②绣上眼睛（直线绣・Soft Tam金黄色）
④卷针缝合（Wool Mohair 灰色）

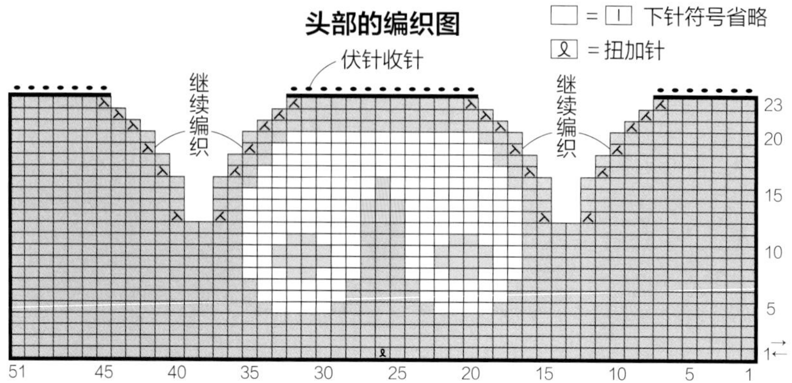
头部的编织图
□ = ｜ 下针符号省略
ᴧ = 扭加针
伏针收针
继续编织
继续编织
23
20
15
10
5
1
51
45
40
35
30
25
20
15
10
5
1

▒ = Wool Mohair 灰色
▒ = Soft Tam 蓝灰色
▒ = Soft Tam 金黄色
□ = Soft Tam 生成色

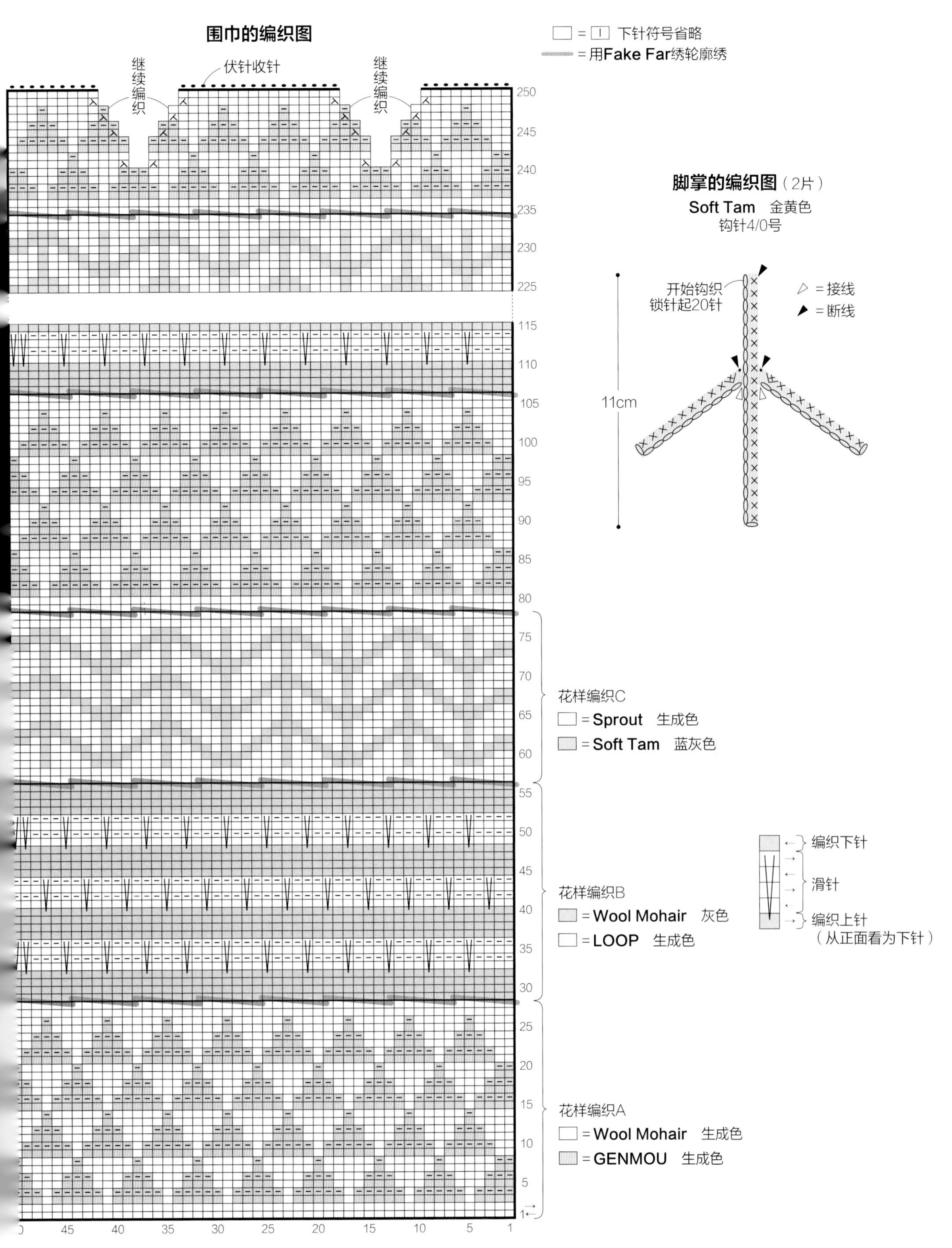
围巾的编织图
= 下针符号省略
= 用Fake Far绣轮廓绣
继续编织
伏针收针
继续编织
脚掌的编织图（2片）
Soft Tam 金黄色
钩针4/0号
开始钩织
锁针起20针
= 接线
= 断线
11cm
花样编织C
= Sprout 生成色
= Soft Tam 蓝灰色
花样编织B
= Wool Mohair 灰色
= LOOP 生成色
编织下针
滑针
编织上针
（从正面看为下针）
花样编织A
= Wool Mohair 生成色
= GENMOU 生成色

p.34, 35

[使用线材]

PUPPY Julika Mohair
粉色（303）265g

PUPPY Kid Mohair fine
灰色（15）30g

PUPPY Miroir<Perle>
白色 × 金色（402）10g

[其他材料]
纽扣（25mm）4 颗
※ 推荐使用透明纽扣。

[工具]
2 根单头棒针 9 号、7 号
钩针 9/0 号（缝合肩部、袖子用）

[编织密度（10cm×10cm）]
平针、提花花样 15 针 ×19 行

[完成尺寸]
胸围 117cm 肩宽 49cm
衣长 60.5cm 袖长 52.5cm

[编织方法]
1. 使用一般起针法起针，编织后身片和左右前身片的单罗纹和
※ 采用纵向渡线法编织提花。
2. 在前后身片刺绣。
3. 使用一般起针法起针，编织袖子的单罗纹和平针。
4. 肩部引拔缝合。
5. 领口和开襟编织单罗纹，伏针收针。
※ 开襟的提花采用纵向渡线法编织。
6. 侧边和袖下挑缝缝合。
7. 用引拔缝合的方法将袖子缝合到身片上。
8. 安装纽扣。

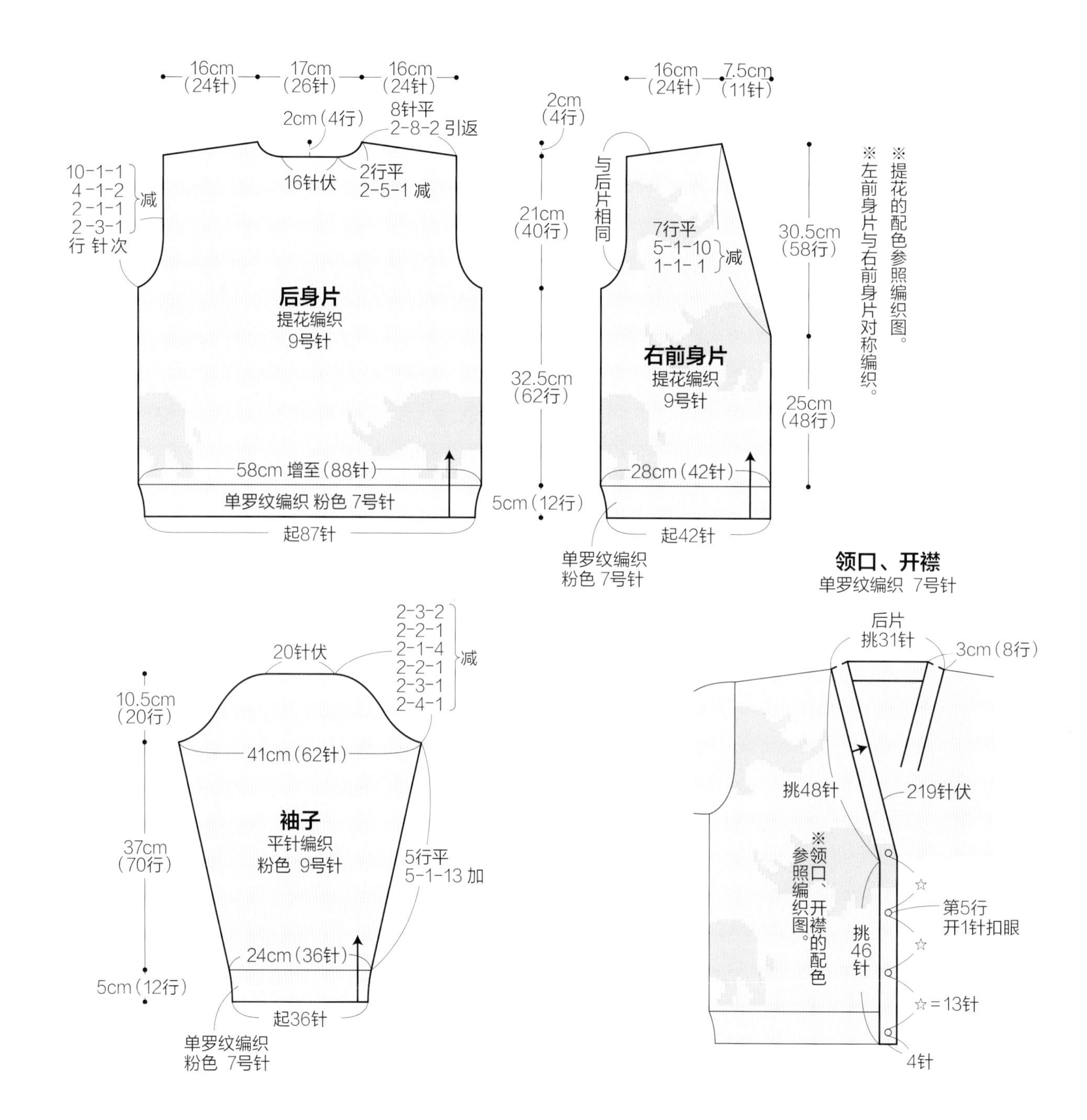

16cm（24针）
17cm（26针）
16cm（24针）
2cm（4行）
8针平
2-8-2 引返
16针伏
2行平
2-5-1 减
10-1-1
4-1-2
2-1-1
2-3-1
行 针 次
减
后身片
提花编织
9号针
58cm 增至（88针）
单罗纹编织 粉色 7号针
起87针
2cm（4行）
21cm（40行）
32.5cm（62行）
5cm（12行）
16cm（24针）
7.5cm（11针）
与后片相同
7行平
5-1-10
1-1-1
减
30.5cm（58行）
25cm（48行）
右前身片
提花编织
9号针
28cm（42针）
起42针
单罗纹编织
粉色 7号针
※提花的配色参照编织图。
※左前身片与右前身片对称编织。
20针伏
2-3-2
2-2-1
2-1-4
2-2-1
2-3-1
2-4-1
减
10.5cm（20行）
41cm（62针）
袖子
平针编织
粉色 9号针
37cm（70行）
5行平
5-1-13 加
24cm（36针）
5cm（12行）
起36针
单罗纹编织
粉色 7号针
领口、开襟
单罗纹编织 7号针
后片
挑31针
3cm（8行）
挑48针
219针伏
※领口、开襟的配色参照编织图。
挑46针
第5行
开1针扣眼
☆=13针
4针

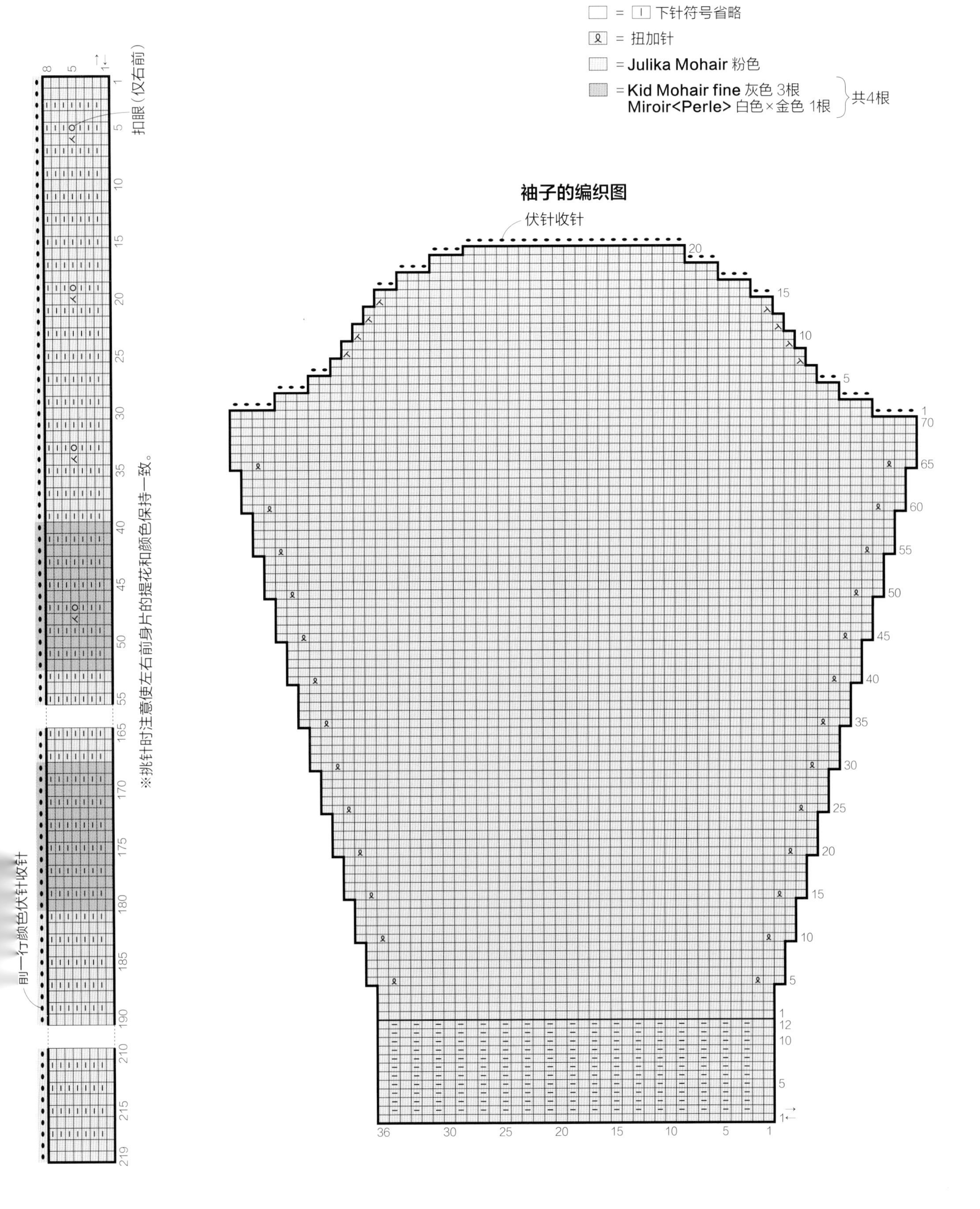

= 丨 下针符号省略
= 扭加针
= Julika Mohair 粉色
= Kid Mohair fine 灰色 3根
Miroir<Perle> 白色×金色 1根
共4根
袖子的编织图
伏针收针
扣眼（仅右前）
※挑针时注意使左右前身片的提花和颜色保持一致。
前一行颜色伏针收针

※为了使提花图解看起来更清晰，
图中用红线将10针×10行的方格进行了划分。

□ = [I] 下针符号省略

= Julika Mohair 粉色

= Kid Mohair fine 灰色 3根
Miroir<Perle> 白色×金色 1根 } 共4根

= 用 绣轮廓绣

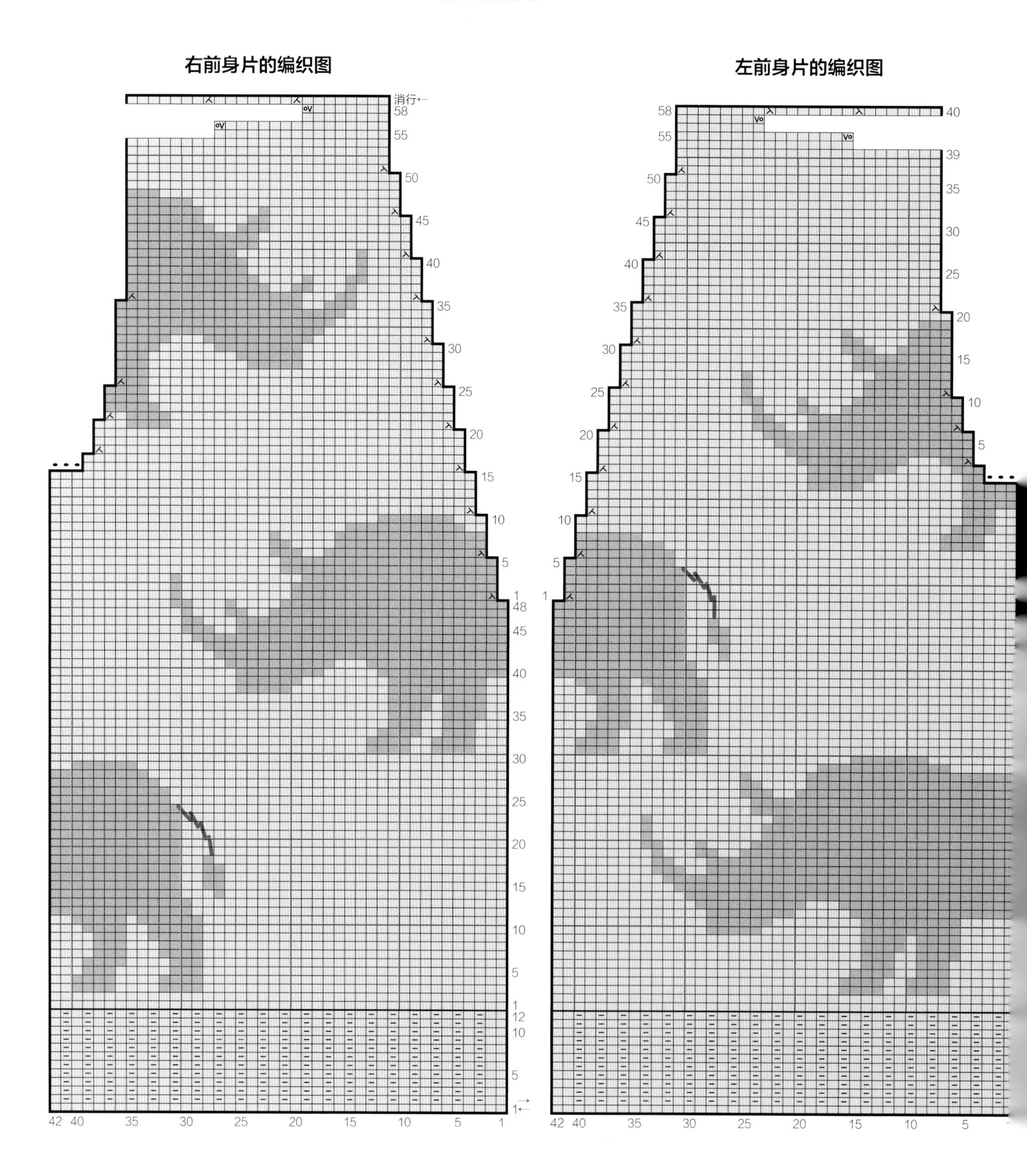

右前身片的编织图
消行
左前身片的编织图

※为了使提花图解看起来更清晰，
图中用红线将10针×10行的方格进行了划分。

□ = □ 下针符号省略

Ⓠ = 扭加针

□ = Julika Mohair 粉色

■ = Kid Mohair fine 灰色 3根
Miroir<Perle> 白色×金色 1根 } 共4根

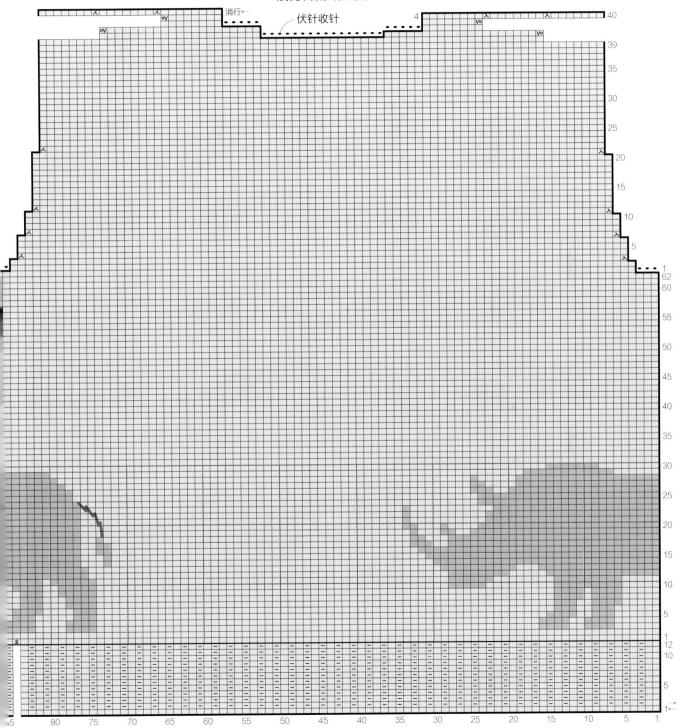

━ = 用■绣轮廓绣

后身片的编织图

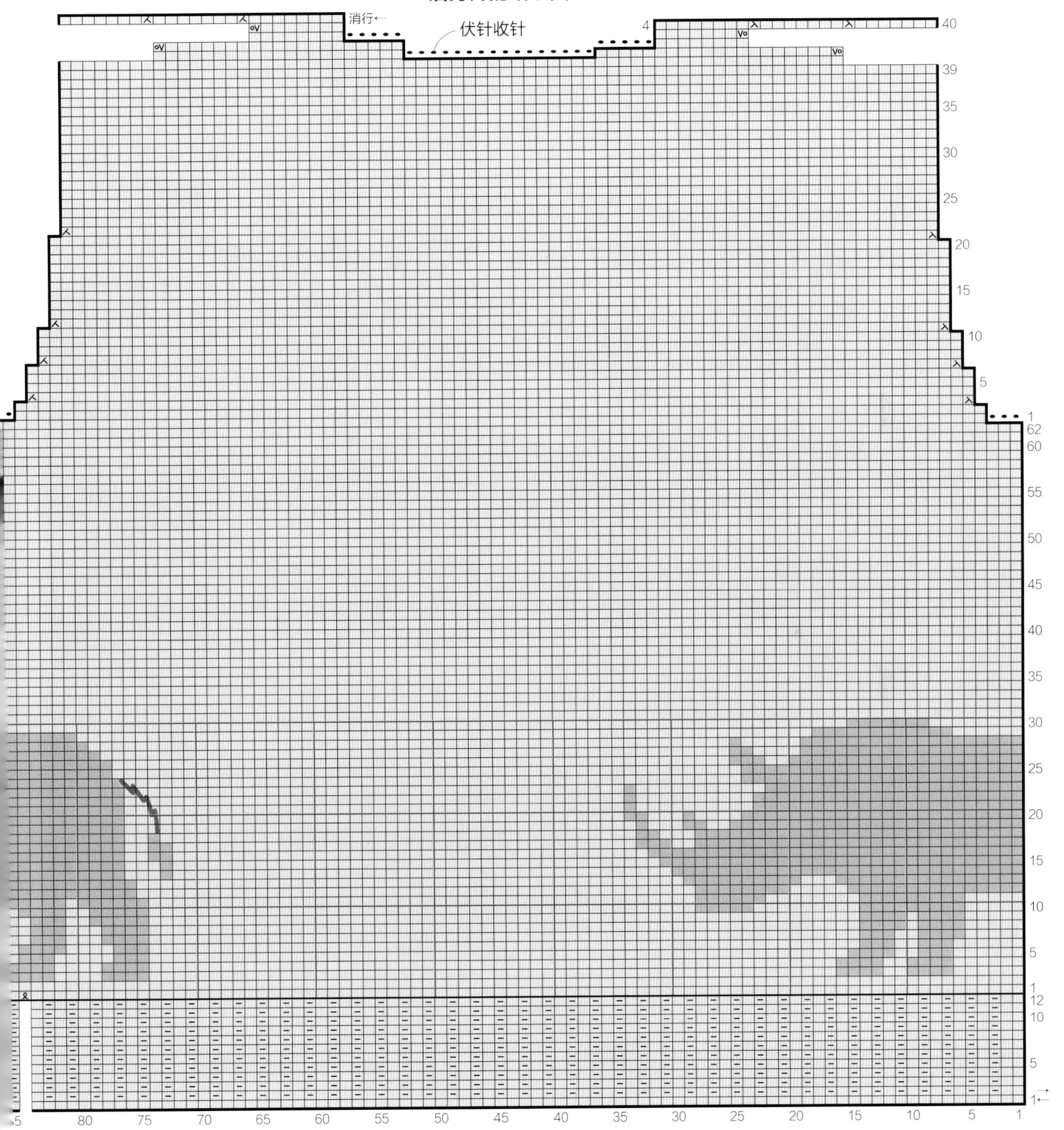

消行
伏针收针

开始编织前

制图的阅读方法

缩略语

起 = 起针
加 = 加针
减 = 减针
伏 = 伏针收针
休 = 休针
平 = 不加不减编织

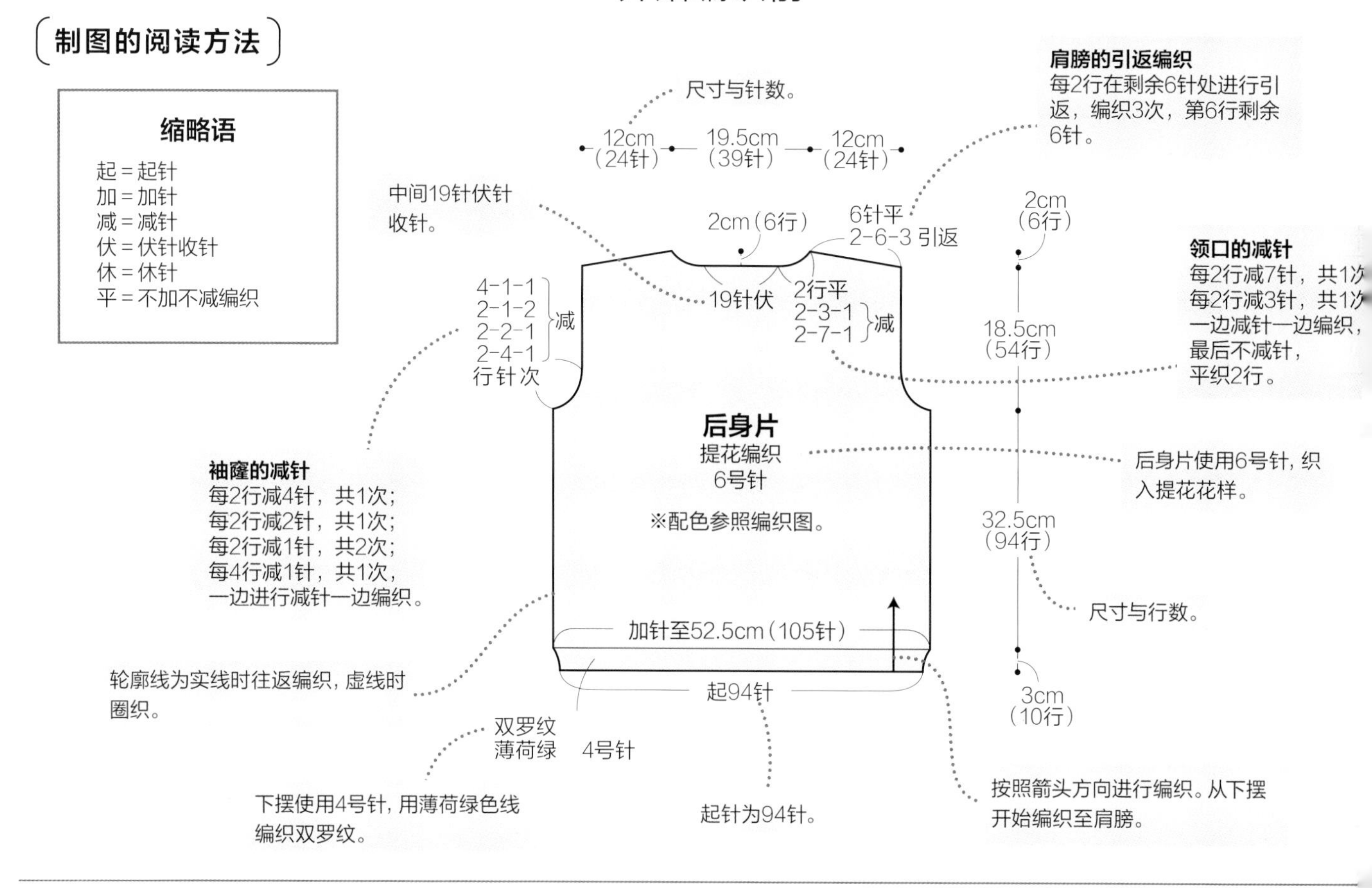

尺寸与针数。
12cm（24针）
19.5cm（39针）
12cm（24针）
肩膀的引返编织
每2行在剩余6针处进行引返，编织3次，第6行剩余6针。
中间19针伏针收针。
2cm（6行）
6针平
2-6-3 引返
2cm（6行）
领口的减针
每2行减7针，共1次
每2行减3针，共1次
一边减针一边编织，最后不减针，平织2行。
4-1-1
2-1-2
2-2-1
2-4-1
行针次
减
19针伏
2行平
2-3-1
2-7-1
减
18.5cm（54行）
后身片
提花编织
6号针
※配色参照编织图。
后身片使用6号针，织入提花花样。
袖窿的减针
每2行减4针，共1次；
每2行减2针，共1次；
每2行减1针，共2次；
每4行减1针，共1次，
一边进行减针一边编织。
32.5cm（94行）
尺寸与行数。
加针至52.5cm（105针）
轮廓线为实线时往返编织，虚线时圈织。
起94针
3cm（10行）
双罗纹
薄荷绿　4号针
下摆使用4号针，用薄荷绿色线编织双罗纹。
起针为94针。
按照箭头方向进行编织。从下摆开始编织至肩膀。

编织图的阅读方法

棒针编织图的阅读方法

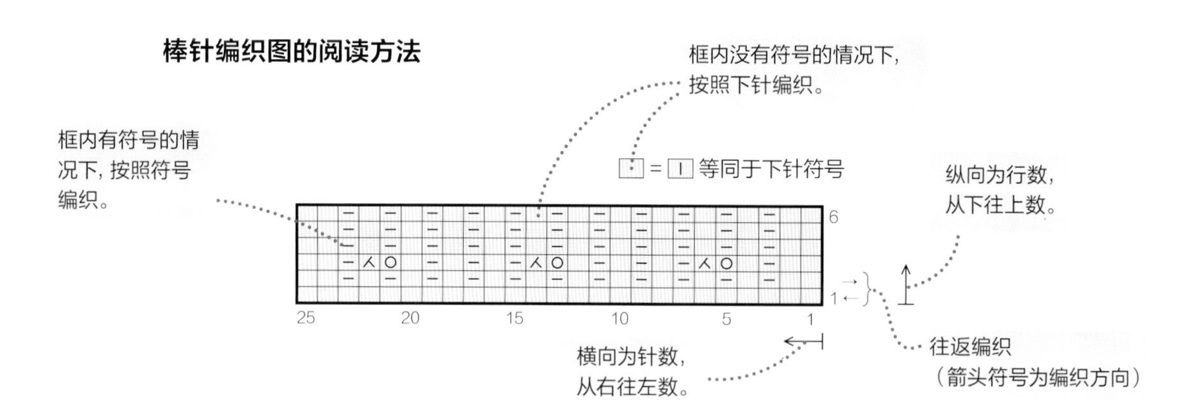

框内没有符号的情况下，按照下针编织。
框内有符号的情况下，按照符号编织。
等同于下针符号
纵向为行数，从下往上数。
6
1
25
20
15
10
5
1
往返编织
（箭头符号为编织方向）
横向为针数，从右往左数。

关于编织密度

编织密度，表示的是10cm×10cm内的针数和行数。编织密度会随着每个人的手劲大小改变，即使使用本书相同线材和相同针号的棒针，成品大小也可能会有所变化。正式编织前请务必编织样片，得出自己的编织密度。

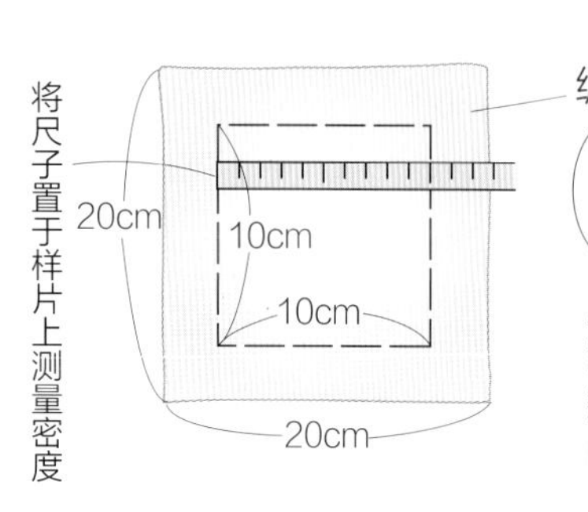

将尺子置于样片上测量密度
20cm
10cm
10cm
20cm
编织样片

样片边缘部分的针脚大小不尽相同，建议编织20平方厘米的样片。

用蒸汽熨斗轻轻熨烫样片，注意不要压扁针脚。
数出中央边长10cm正方形内的针数和行数。

※比本书中指定编织密度的针数、行数多（针脚紧）的情况下，换粗一些的针编织，在针数、行数少（针脚松）的情况下，换细一些的针来调节编织密度。

往返编织和圈织

往返编织 用两根棒针从织片的一端编织到另一端，正反面交替，一行一行来回编织。

编织方法图

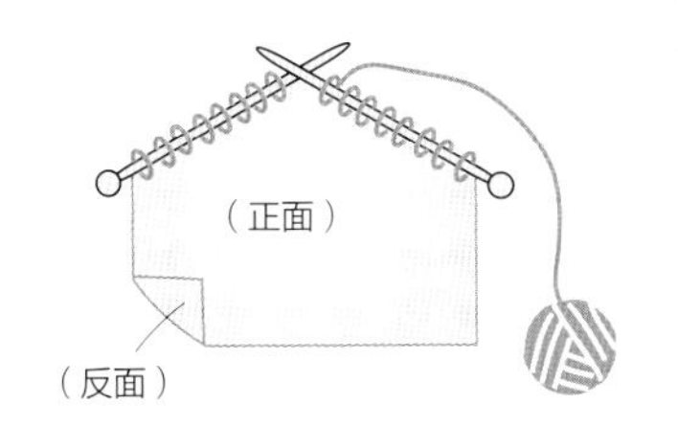

（正面）
（反面）

箭头的方向每行都变换。

圈织 用4根棒针中的3根将针脚均分，一般将织物正面朝着自己，用剩下的1根针一圈一圈编织。

编织方法图

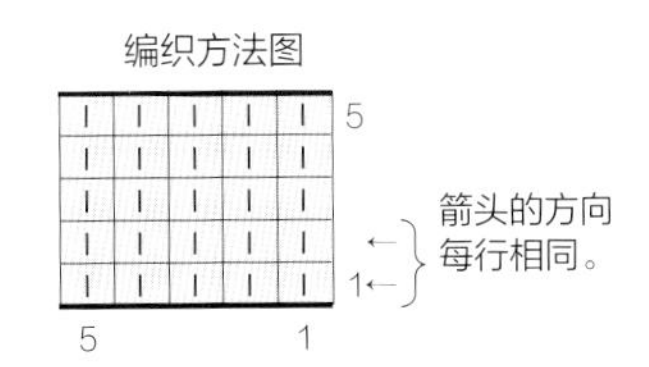

箭头的方向每行相同。

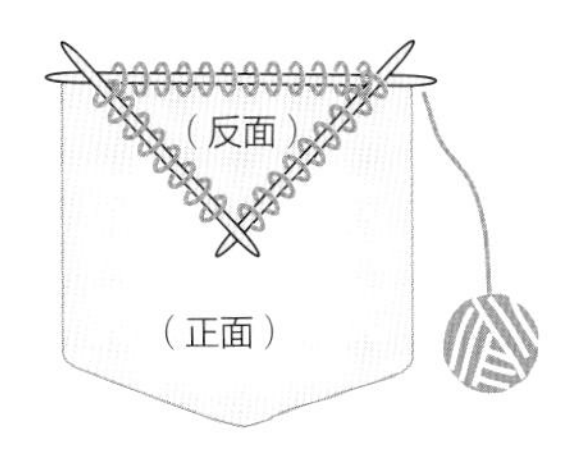

（反面）
（正面）

使成品整齐美观的方法

在缝合前，将编织好的各个织片的线头分别藏好，并用熨斗熨烫平整。

●线头的处理方法→p.45

避免熨斗直接接触织片，稍稍悬空，用蒸汽熨烫即可。
※熨烫前，务必确认线材标签上的熨烫注意事项。

※刺绣和亮片的缝制在熨烫后、缝合前进行。

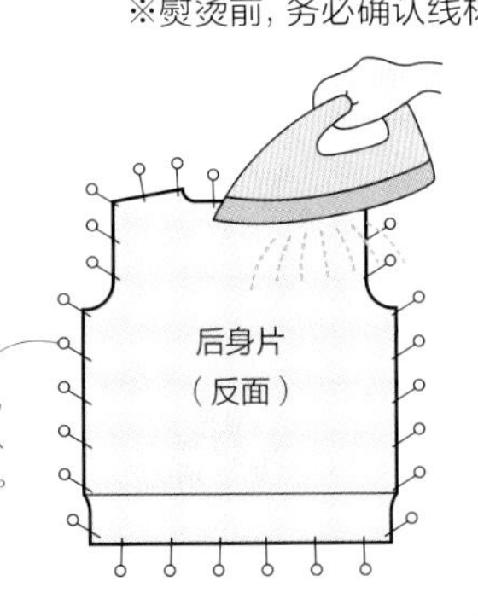

后身片
（反面）

将织片反面朝上放于熨烫板上，织片各处用珠针、固定针等工具固定在熨烫板上。

前身片
（反面）

袖子
（反面）

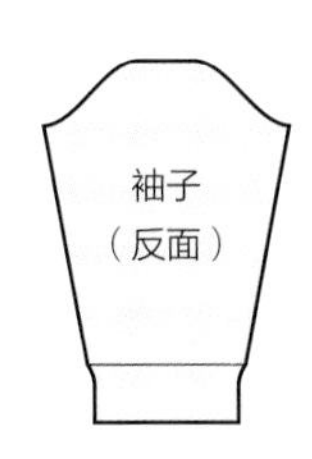

袖子
（反面）

基础针法

棒针编织

起针

手指起针法

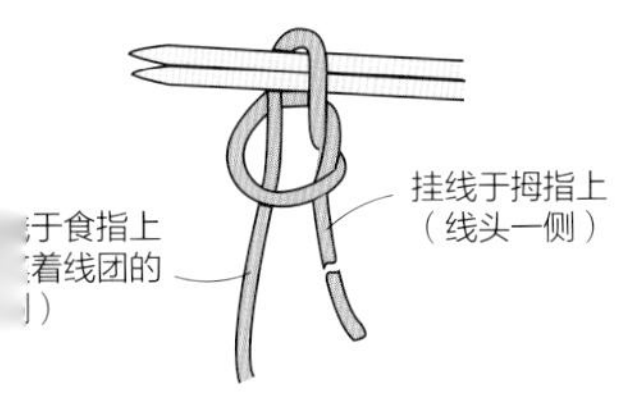

挂线于拇指上
（线头一侧）

①留出织物宽度3~4倍长度的线头，做一个线圈，线圈中插入2根棒针，此为第1针。

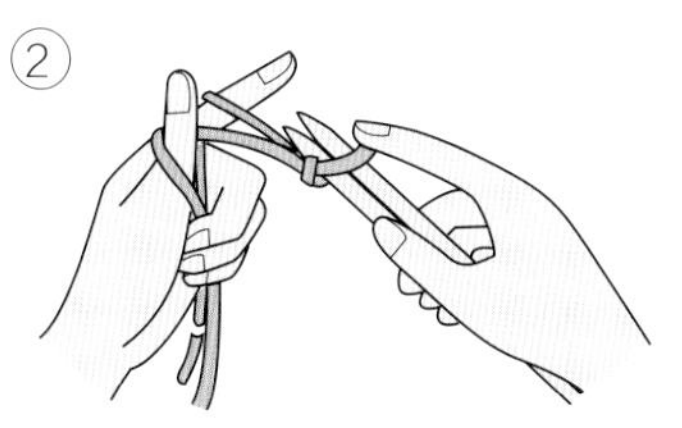

②左手的食指和拇指挂线，用余下的手指压住线。右手的食指压住第1针。

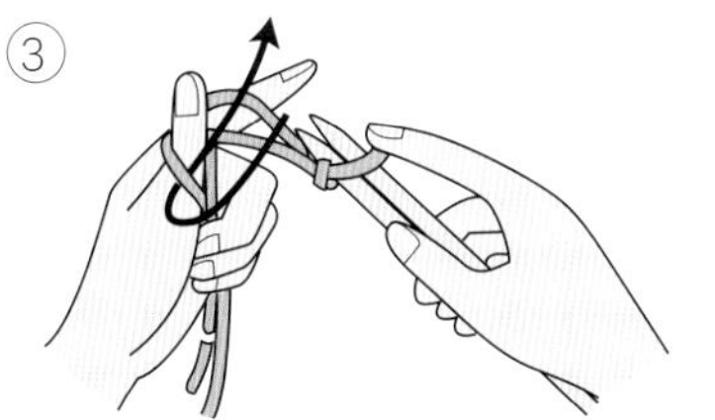

③按箭头方向，用棒针挑起拇指外侧的线。

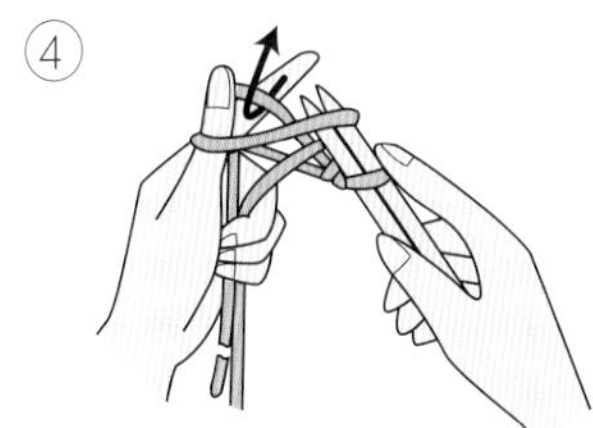

④按照箭头方向入针，将食指上的线挂在棒针上。

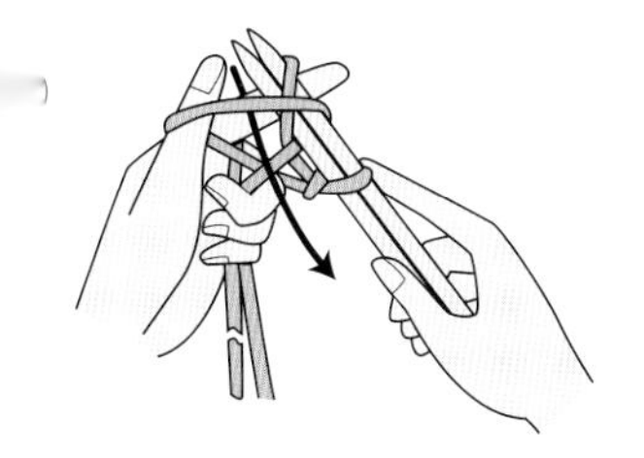

⑤食指上的线按照箭头方向移动，从拇指的线圈中穿出。

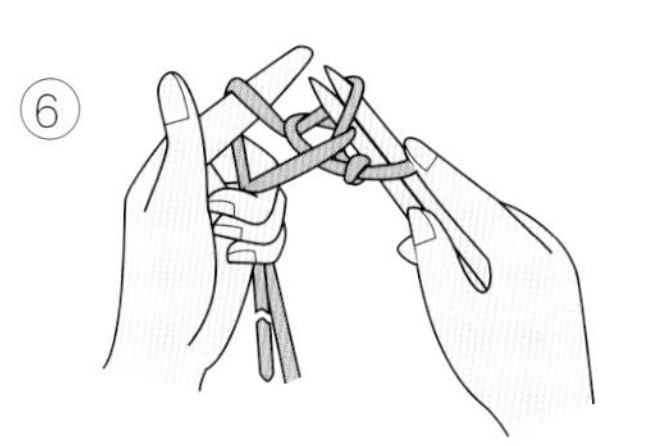

⑥放开拇指上的线。

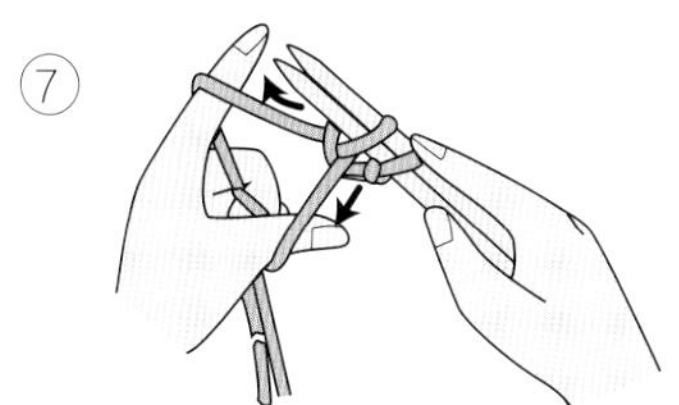

⑦拇指位于线的内侧，按照箭头方向拉紧线。重复步骤③~⑦。

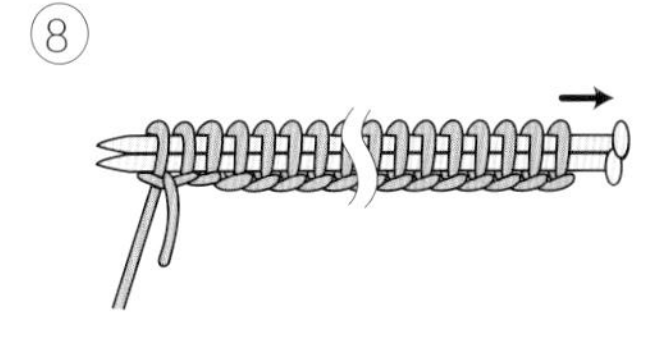

⑧完成所需数量的起针，抽出1根棒针。起针算作1行。

之后再解开的别线起针法

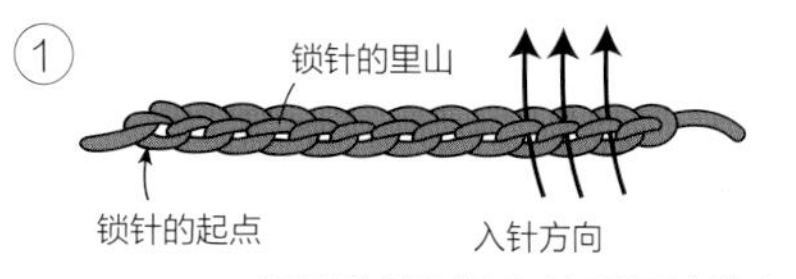

锁针的里山
锁针的起点
入针方向

①用其他线材钩织比所需针数多5针左右的宽松锁针。

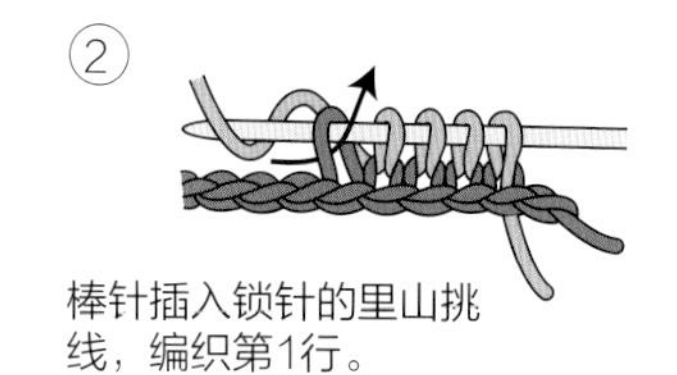

②棒针插入锁针的里山挑线，编织第1行。

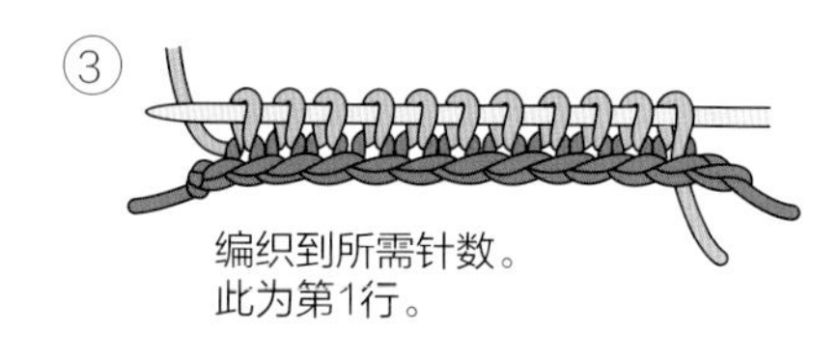

③编织到所需针数。此为第1行。

※解开另线后的挑针方法

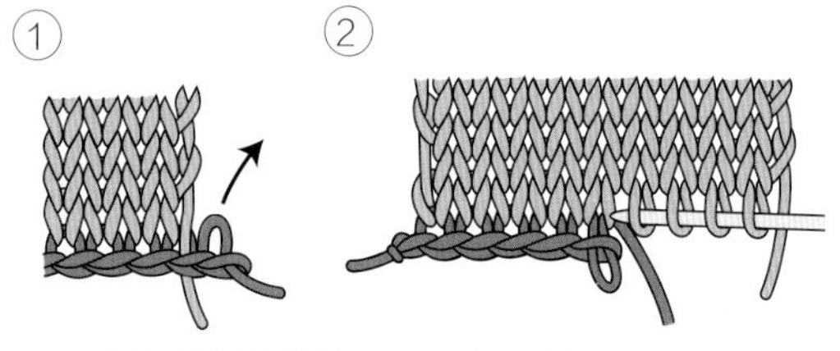

一边将别线的锁针解开，一边依次插入棒针。

起针作环圈织的情况下

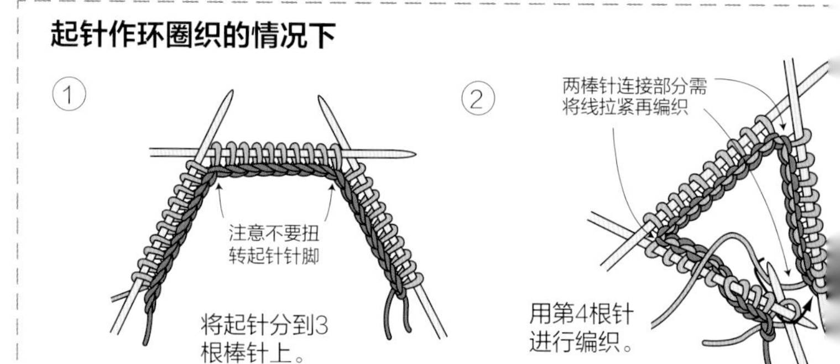

注意不要扭转起针针脚
两棒针连接部分需将线拉紧再编织

①将起针分到3根棒针上。

②用第4根针进行编织。

编织符号

| 下针

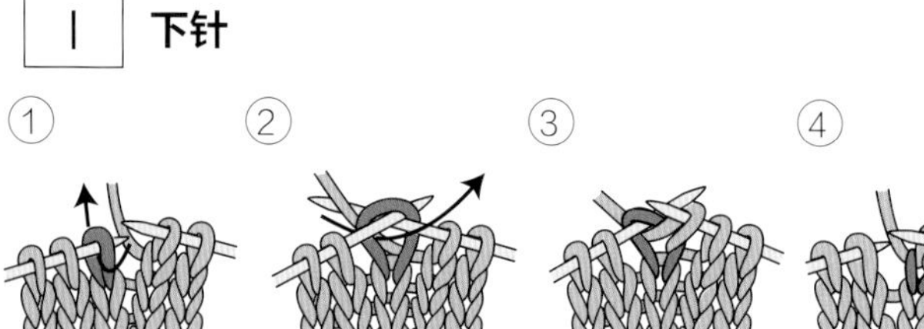

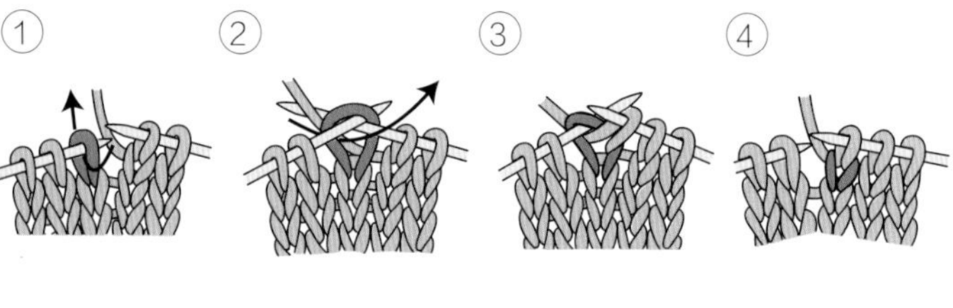

— 上针

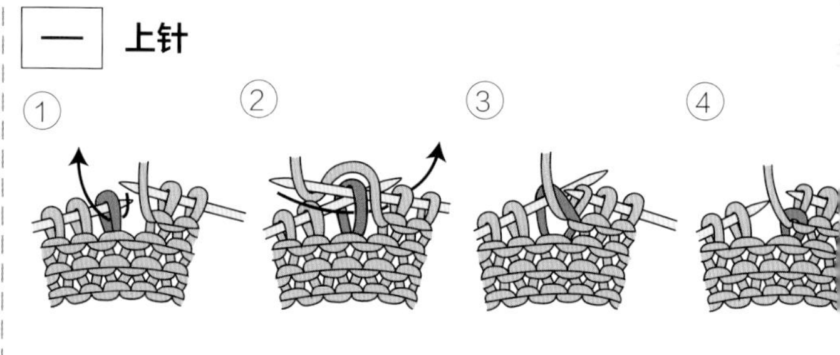

右上2针并1针

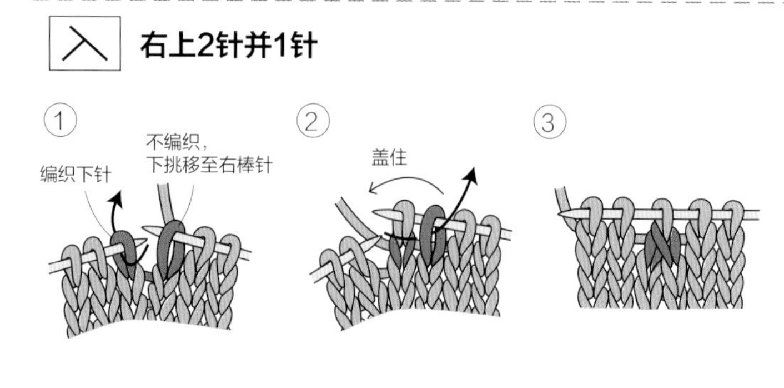

编织下针
不编织，下挑移至右棒针
盖住

左上2针并1针

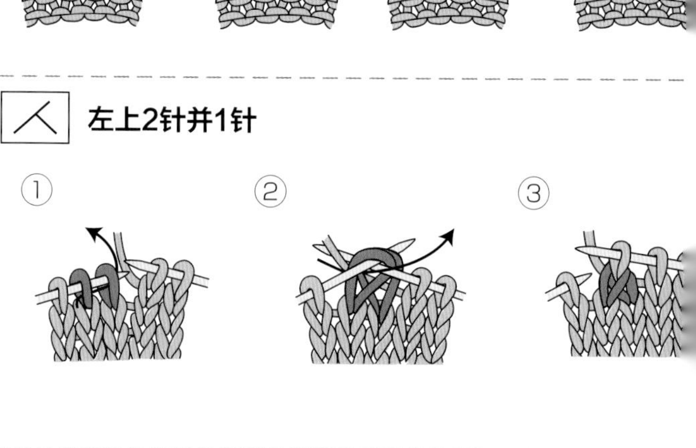

右上2针并1针（上针）

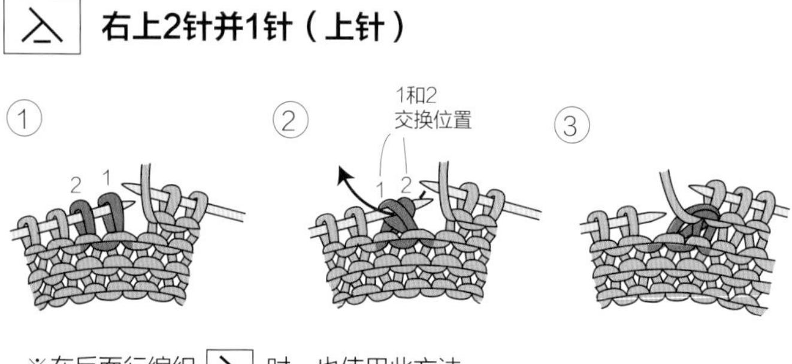

2
1
1和2
交换位置
1
2

※在反面行编织 [右上2针并1针符号] 时，也使用此方法。

左上2针并1针（上针）

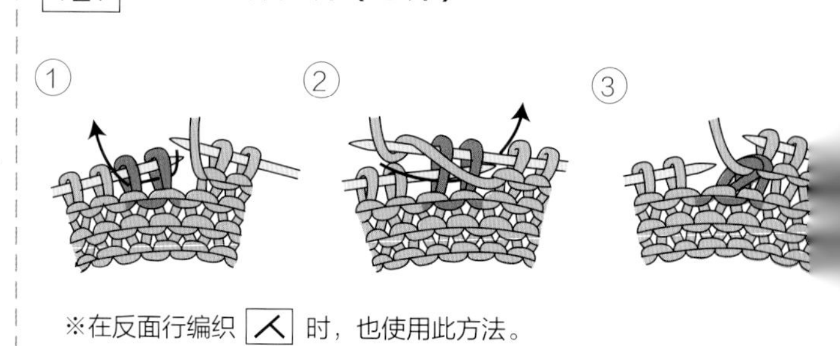

※在反面行编织 [左上2针并1针符号] 时，也使用此方法。

扭针

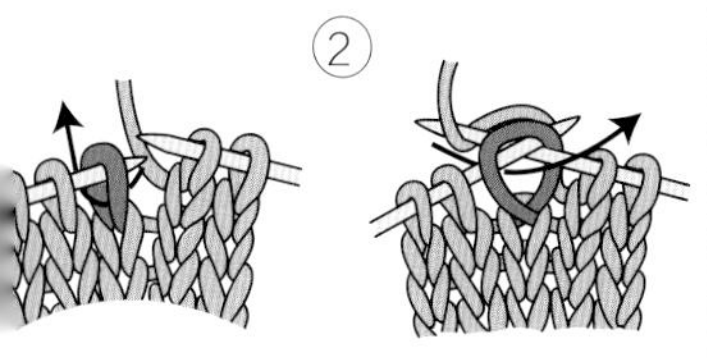

箭头方向扭转线圈插入棒针，
下针。

扭加针

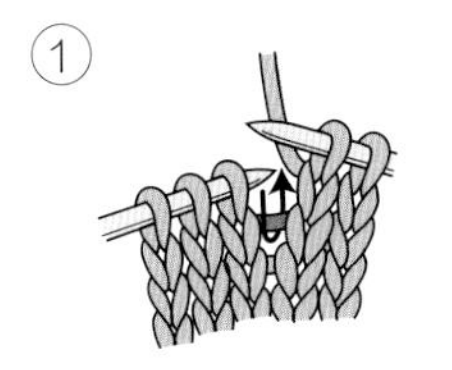

将前一行针与针之间的横线挑起挂于针上，
按照箭头方向插入棒针，编织下针。

※扭针与扭加针的符号相同，当编织图上的针数增加时，编织扭加针；针数不变，则编织扭针。

挂针（空加针）

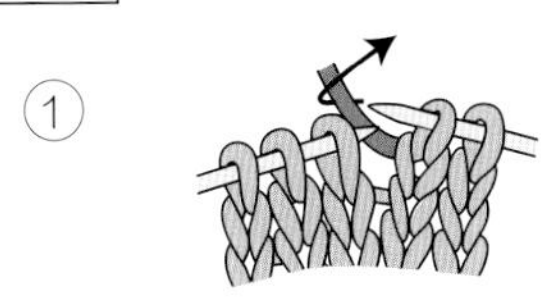

右棒针按照箭头方向绕线。

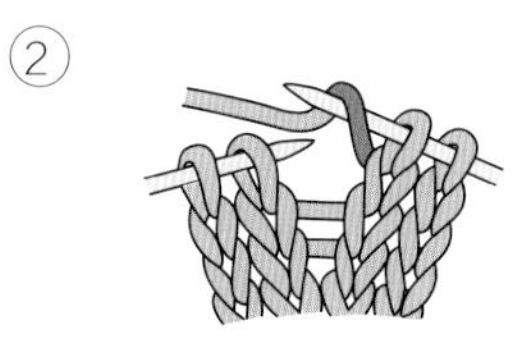

挂线于右棒针上。

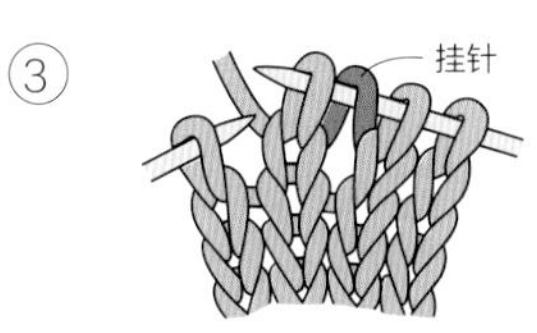

挂针

下一针编织完成后的样子。

扭针（上针）

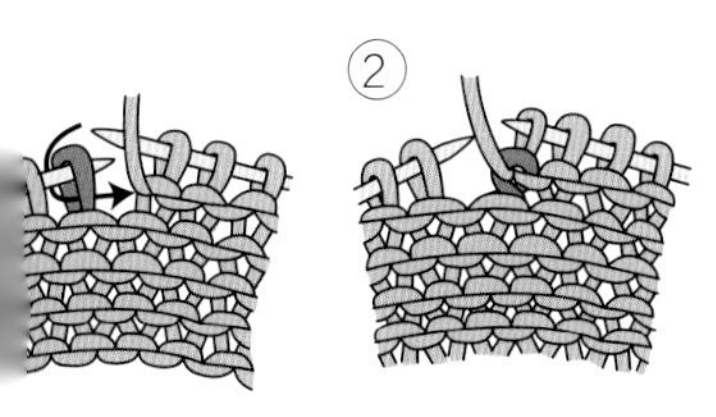

照箭头方向扭转线圈插入棒针，
织上针。

扭加针（上针）

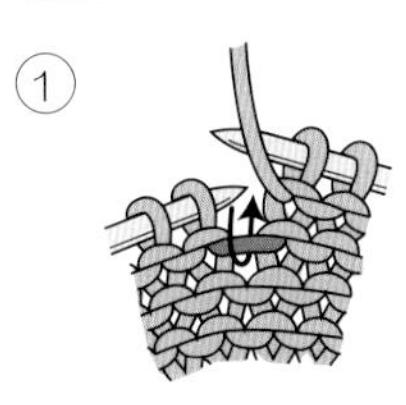

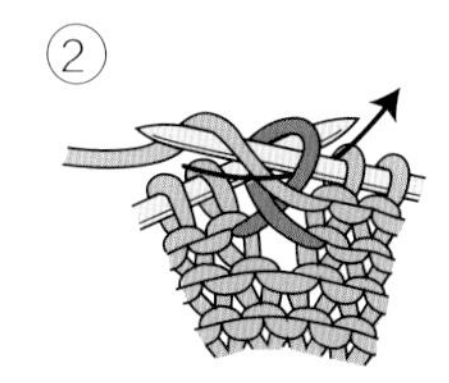

将前一行针与针之间的横线挑起挂于针上，
按照箭头方向插入棒针，编织上针。

滑针

于边缘的滑针

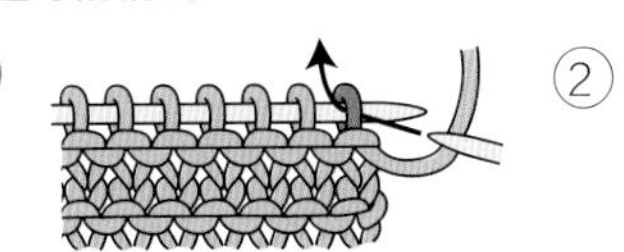

照箭头方向将右棒针插入左棒针的线
内，不编织移至右棒针。

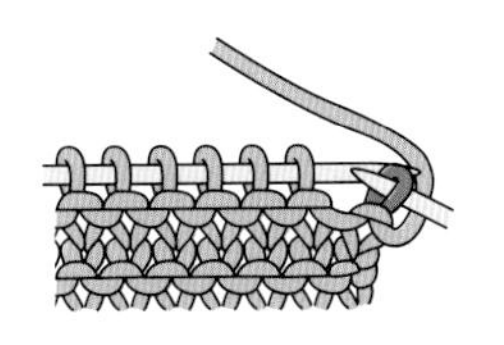

线绕向背面，编织下
一针。

编织过程中的滑针

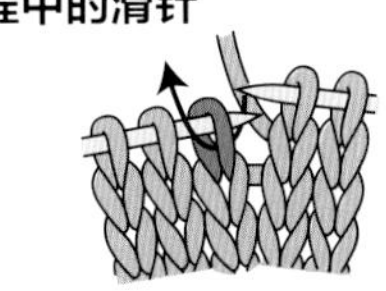

按照箭头方向将右棒针插入左棒针
的线圈内，不编织移至右棒针。

移动的1针的另一侧有一条渡
线，滑针完成。

变形盖右2针编织

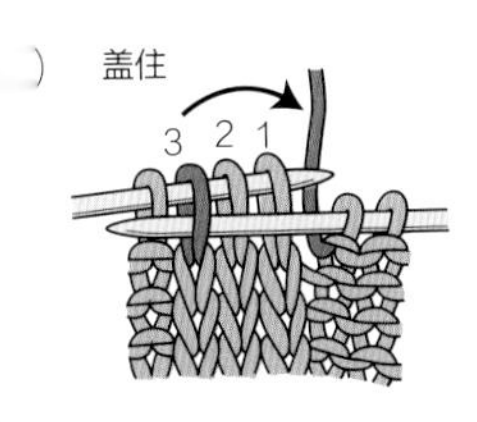

盖住
3 2 1

如图将右棒针插入第3针，
盖住1、2两针。

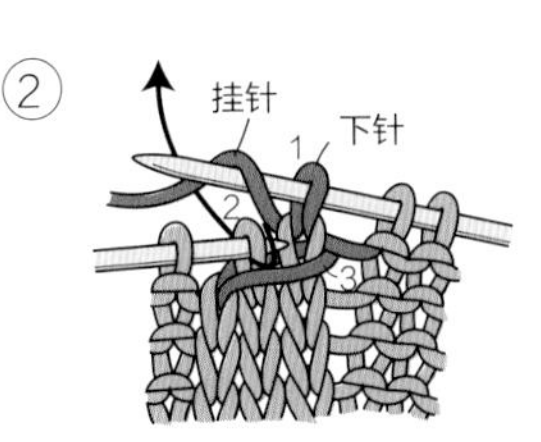

挂针
下针

第1针编织下针，
编织1针挂针。

下针
挂针
下针

第2针编织下针。

编织提花花样

纵向渡线的方法 … p.44

横向渡线的方法 … p.49

针

伏针收针

出收针部分4~5倍
的线头。

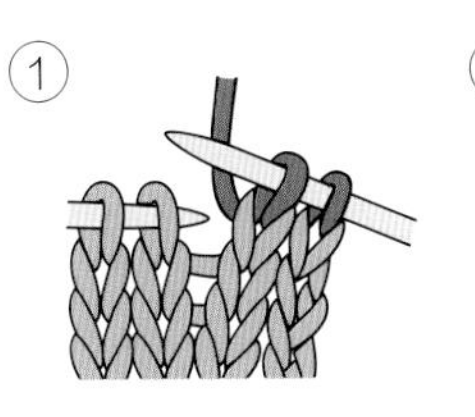

编织2针。

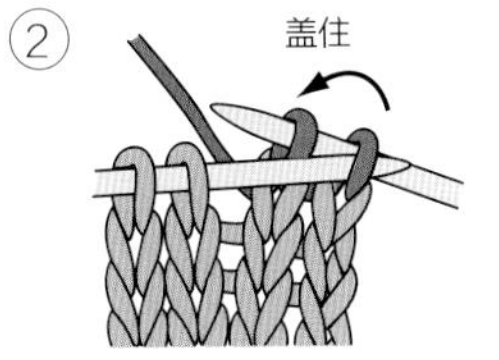

盖住

左棒针插入第1针，盖
在第2针上。

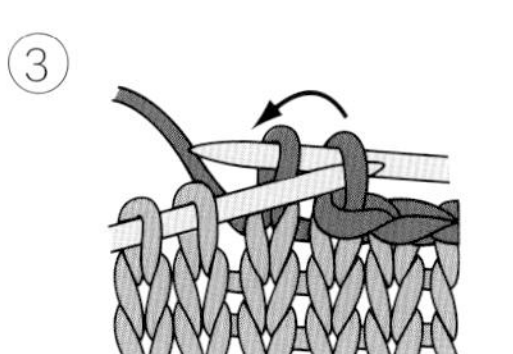

重复“编织1针，用前1针
盖住”。

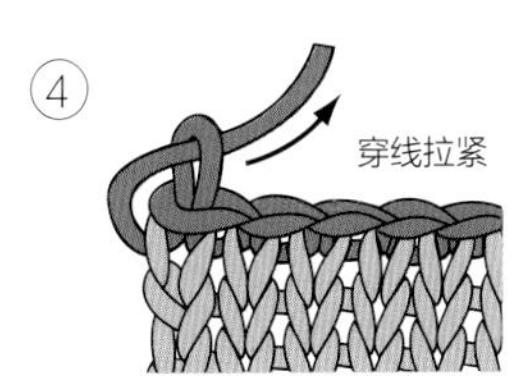

穿线拉紧

将线头穿入最后针脚的
线圈中，拉紧。

引返编织

左侧（编织左侧的引返时，在正面行剩余针数）

【例】
4针平
2－4－3 引返
行 针 次

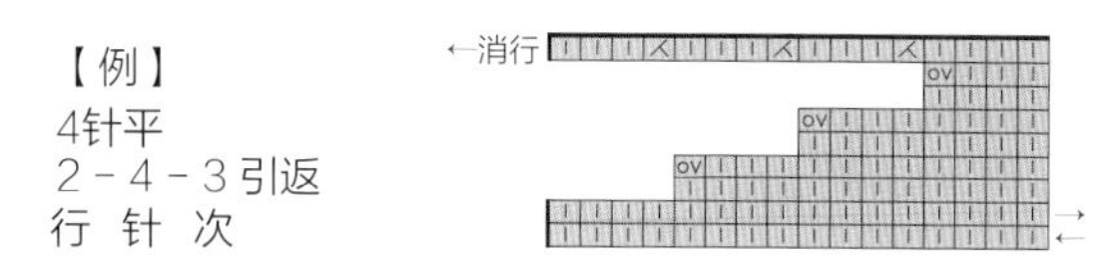

←消行

①
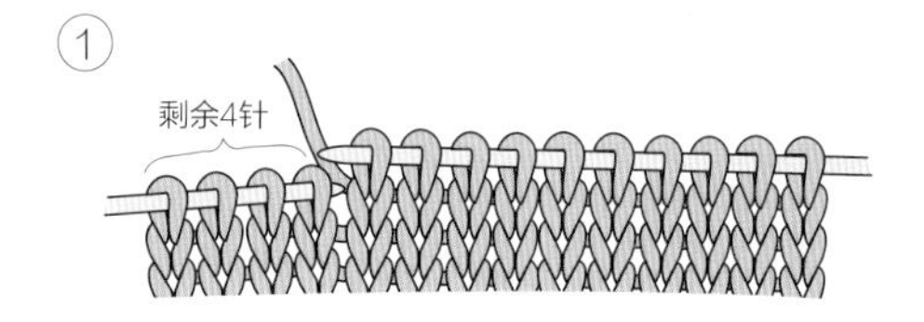

剩余4针

在正面行最后留下4针不织。

②
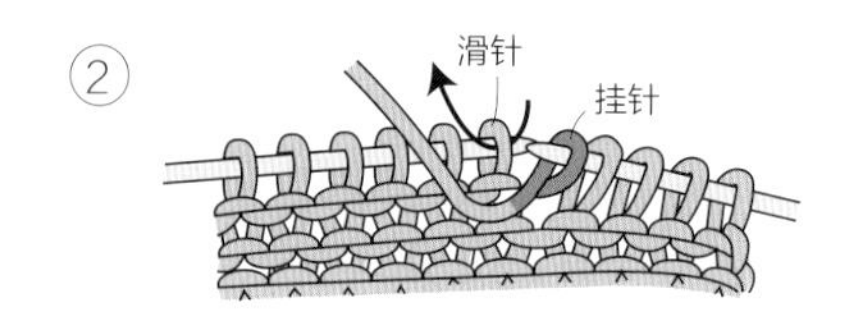

滑针
挂针

翻到反面，挂针后织1针滑针，剩余针正常编织。

③
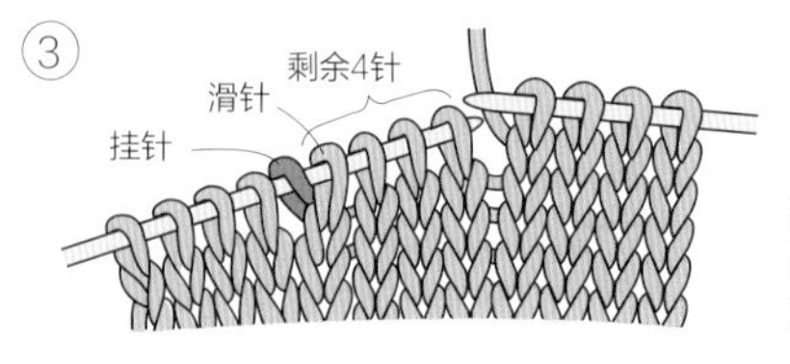

剩余4针
滑针
挂针

翻到正面，正常编织至剩余4针，其中包含前一行的滑针。

④
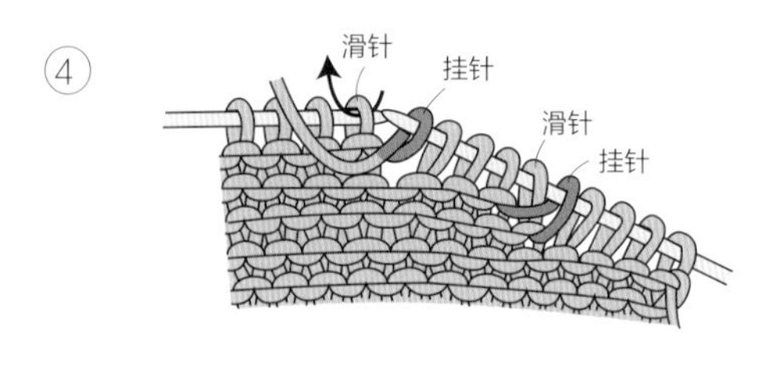

滑针
挂针
滑针
挂针

重复步骤②、③

⑤
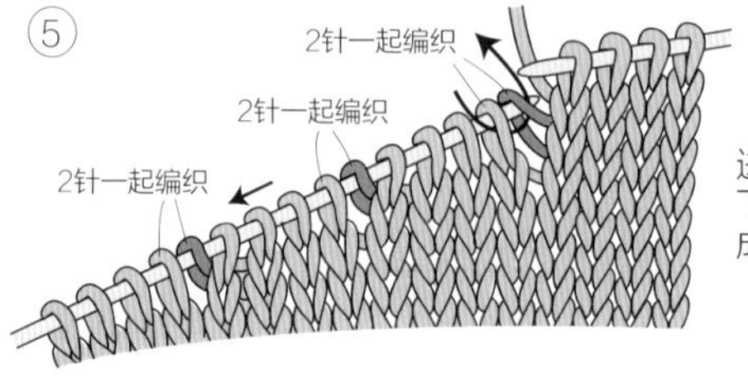

2针一起编织
2针一起编织
2针一起编织

进行消行。将挂针和下一针一起编织，并成1针。

⑥
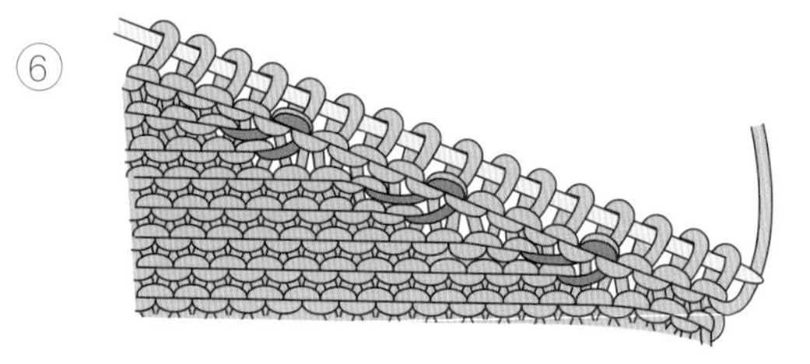

完成后从反面看的样子。

右侧（编织右侧的引返时，在反面行剩余针数）

【例】
4针平
2－4－3 引返
行 针 次

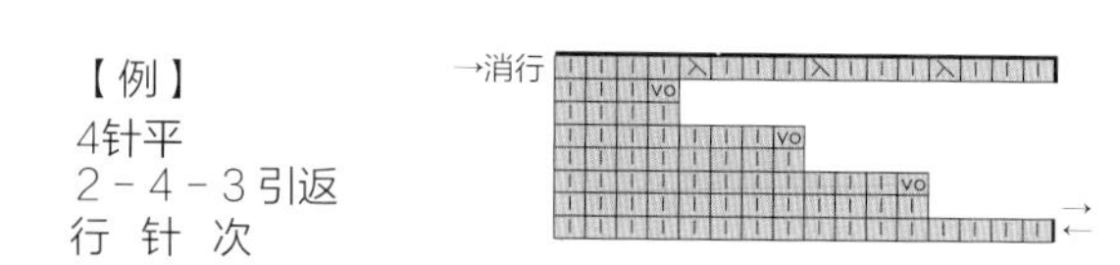

→消行

①
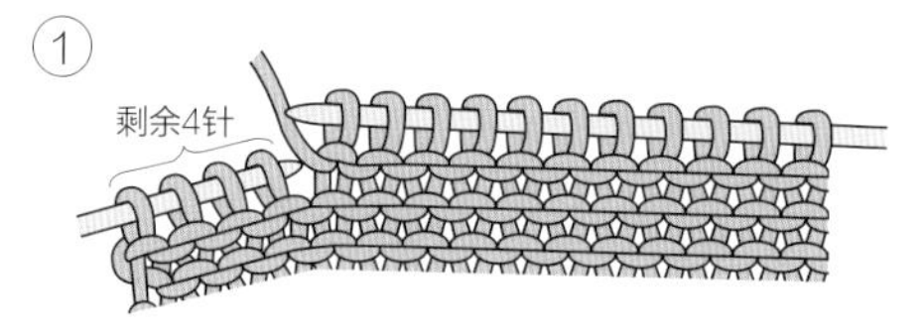

剩余4针

在反面行最后留下4针不织。

②
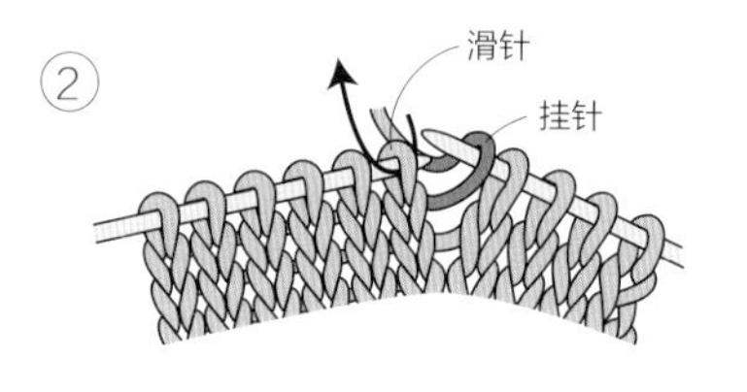

滑针
挂针

翻到正面，挂针后织1针滑针，剩余针正常编织。

③
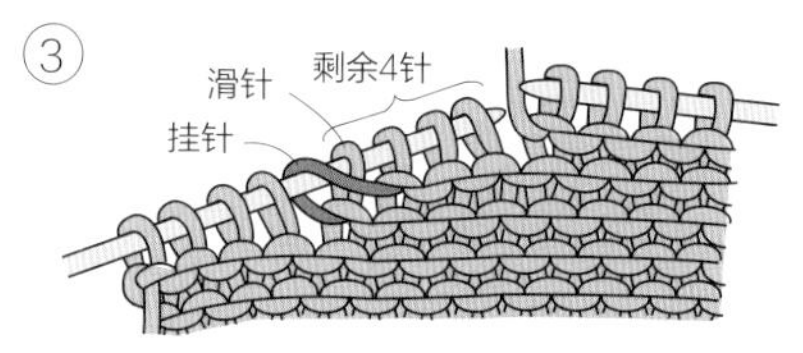

滑针
剩余4针
挂针

翻到反面，正常编织至剩余4针，其中包含前一行的滑针。

④
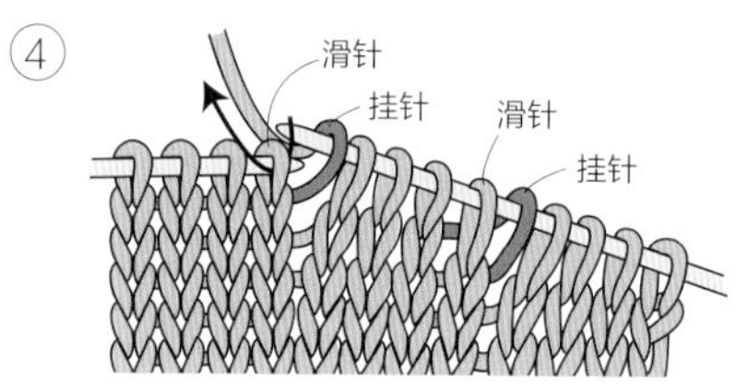

滑针
挂针
滑针
挂针

重复步骤②、③

⑤

进行消行。
将挂针和左侧的针交换位置，2针一起编织。

交换位置后
2针一起编织
交换位置后
2针一起编织

交换位置的方法

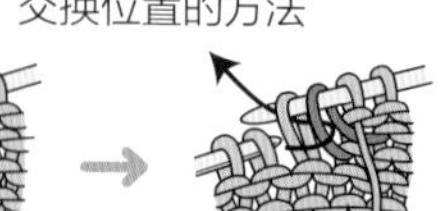

按照箭头方向依次入针，不编织，将这2针移至右棒针上。

按照箭头方向向入针，将这2针重新移回左棒针。

⑥
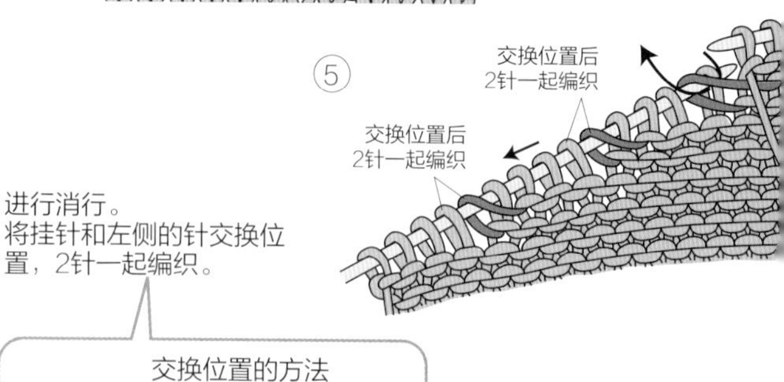

完成后从反面看的样子。

护腕（p.52 4）拇指位置的编织方法

①

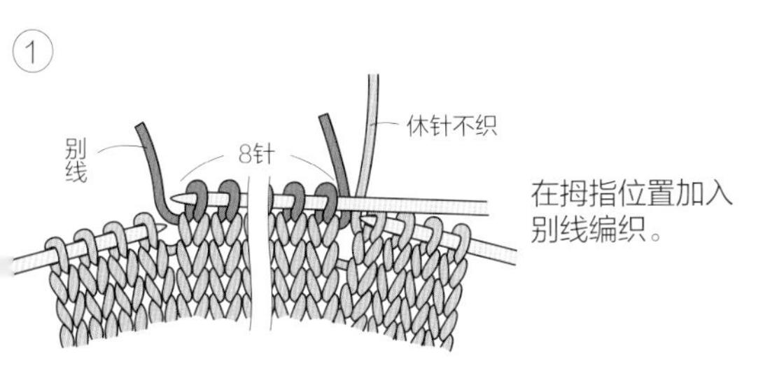

别线
8针
休针不织

在拇指位置加入别线编织。

②

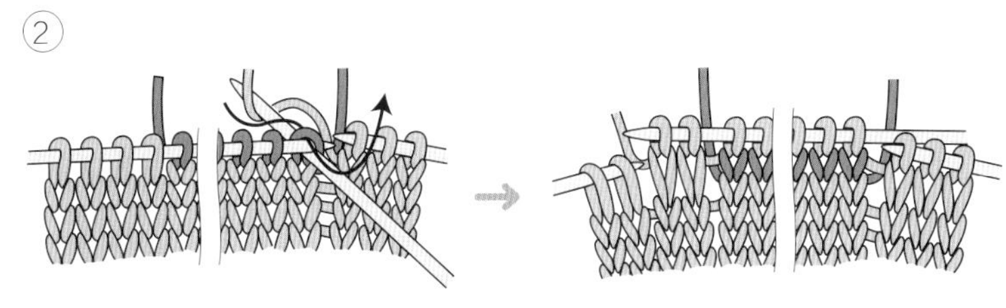

将别线编织的针移回左棒针，用之前休针的线编织。

③

取下别线，挑针。

取下别线

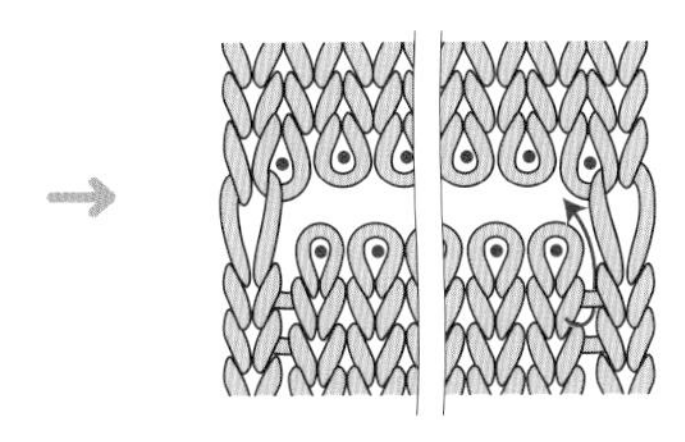

● = 挑针位置

↖ = 挑起针与针之间的渡线，编织扭加针。

缝合

挑缝

从底部开始，依次挑起每行边缘针脚内侧的渡线缝合。

① 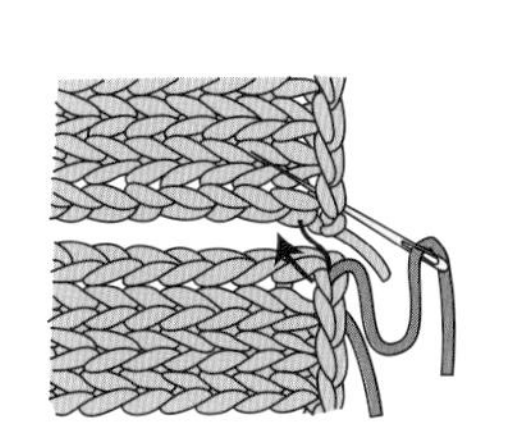

② 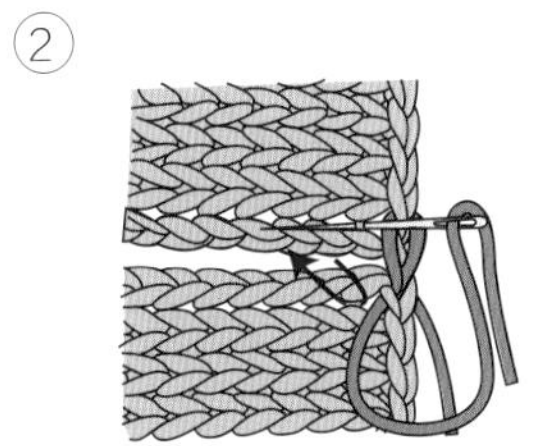

③ 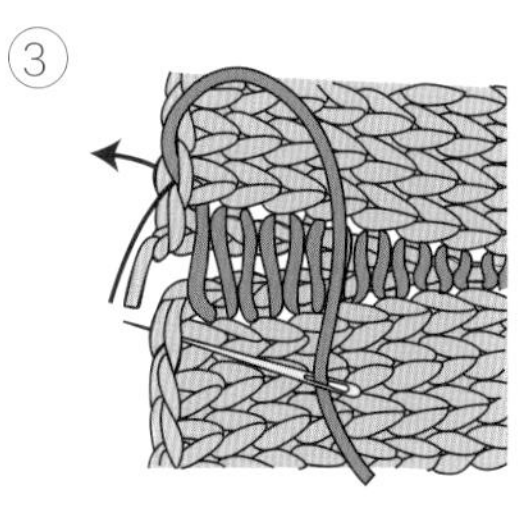

平针订缝

较宽松地缝合成下针效果。最终行为伏针收针的情况下，也用同样的方法入针。起针行缝合方法也相同。

① 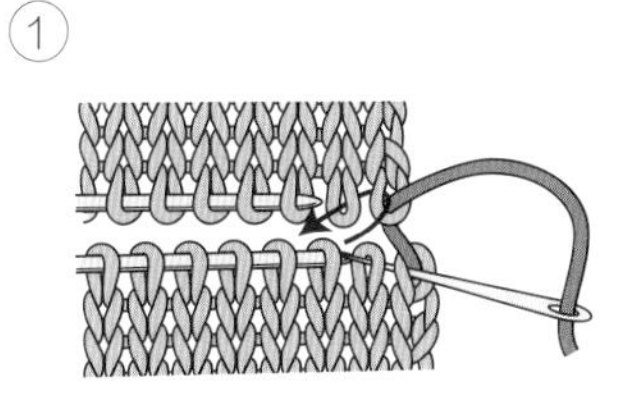

② 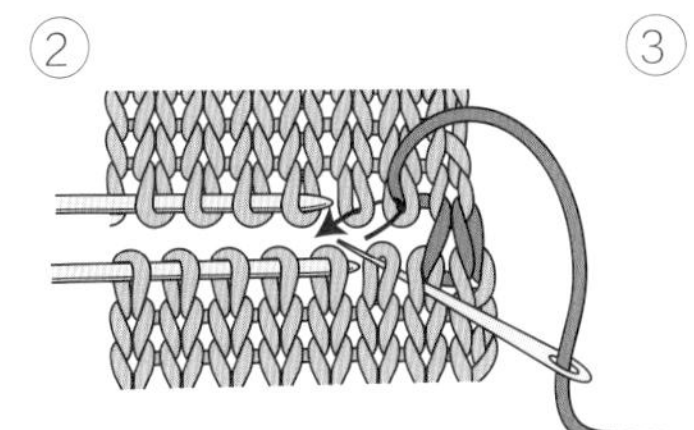

③ 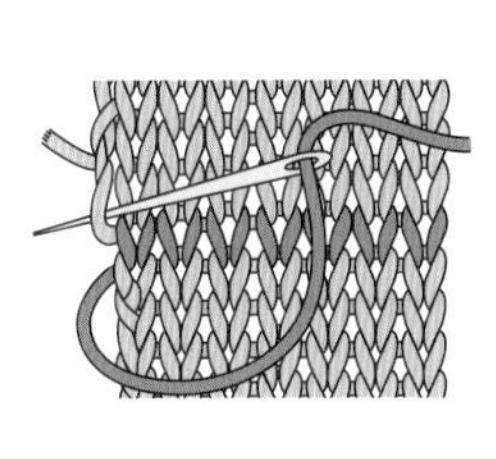

针与行的缝合

针脚用平针订缝的方法，行用挑缝的方法，相互缝合在一起。针脚为伏针收针的情况下也用同样的方法入针。

① 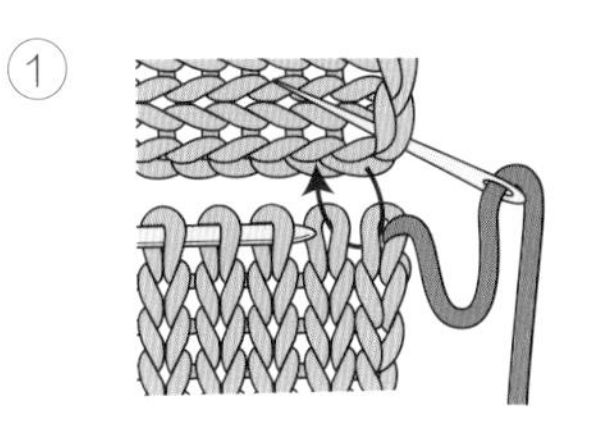

② 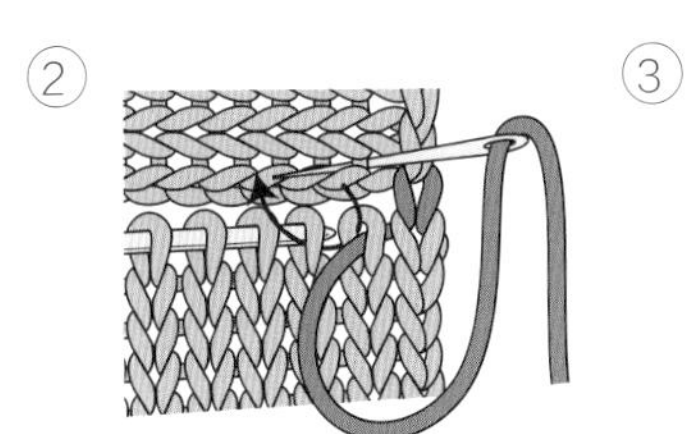

③ 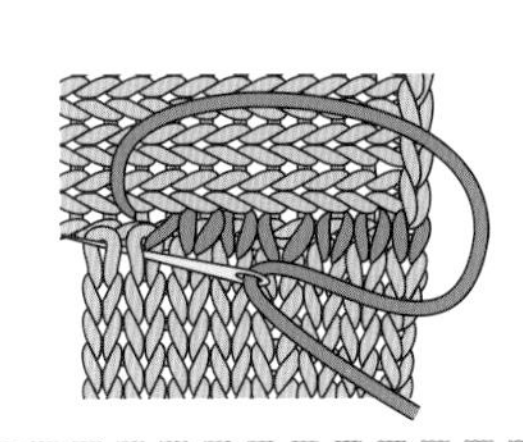

引拔缝合

将2片织片正面相对合拢，将前后织片的第1针移至钩针上，挂线，一次性引拔钩出。重复操作至完成所需缝合的针脚。

① 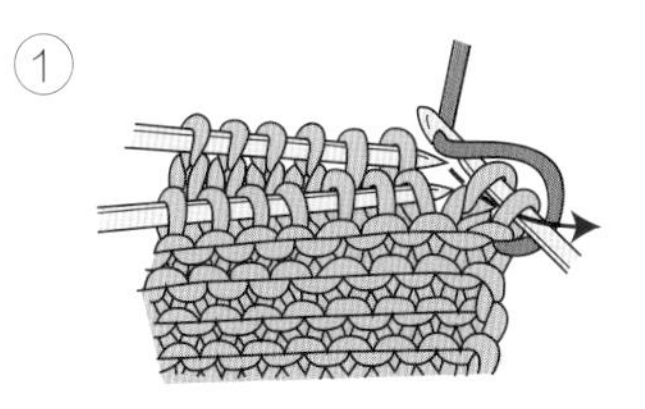

② 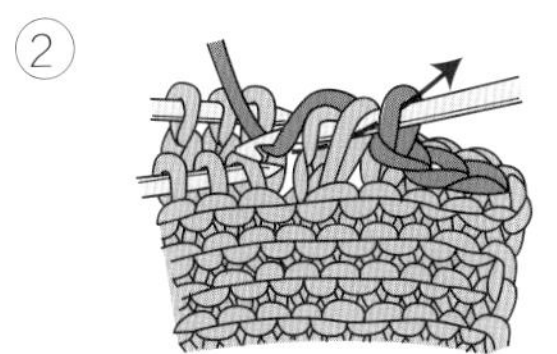

③ 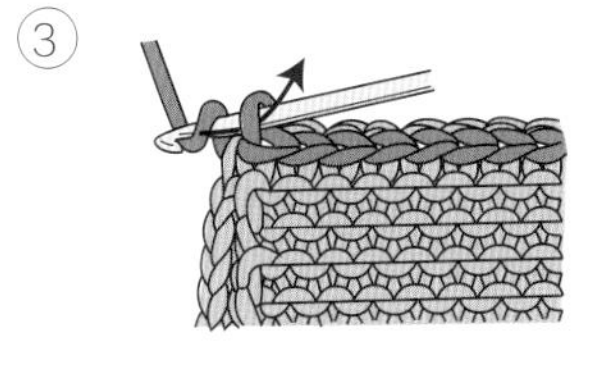

袖子的缝合方法 引拔缝合的情况下

①

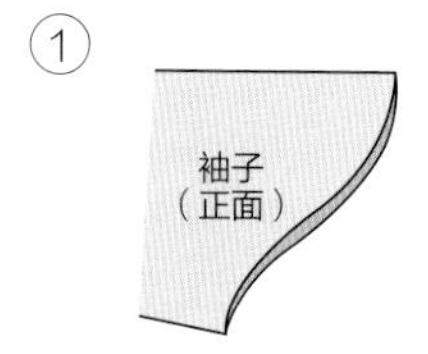
袖子
（正面）

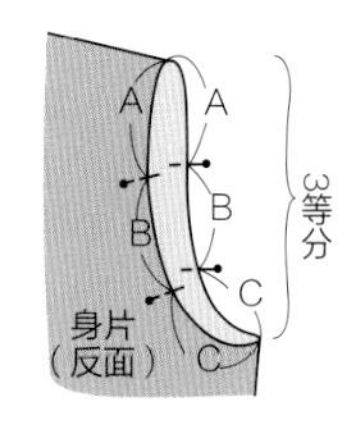
A
A
B
B
C
C
3等分
身片
（反面）

将身片反面朝外，在身片中放进袖子，使袖子和身片的正面相对重合。将侧边与袖下合并，肩膀与袖山合并，用珠针固定。此外，在前后3等分的位置也用珠针固定。

②

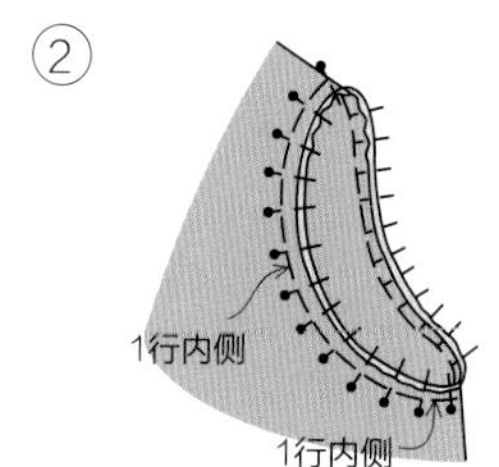
1行内侧
1行内侧

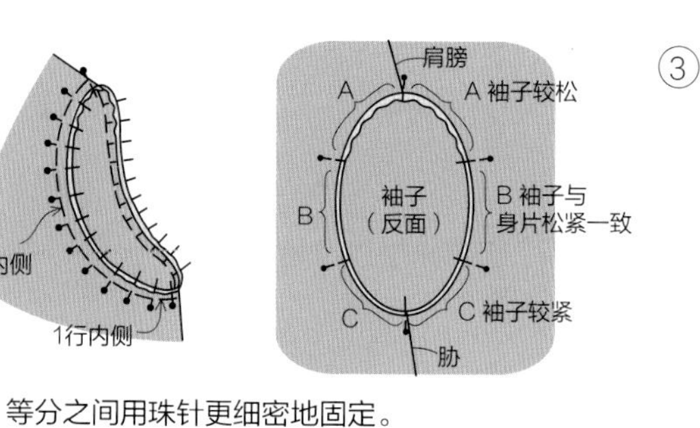
肩膀
A
A 袖子较松
袖子
（反面）
B
B 袖子与
身片松紧一致
C
C 袖子较紧
胁

等分之间用珠针更细密地固定。

③

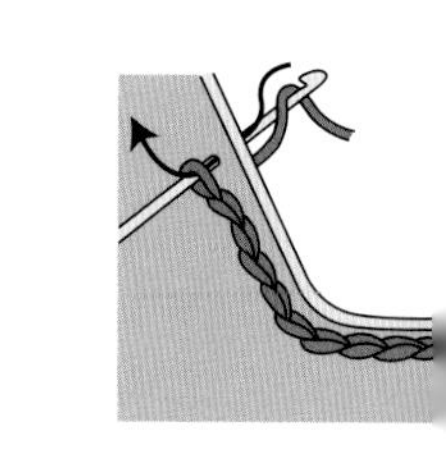

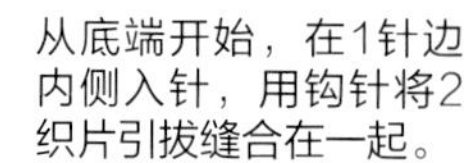

从底端开始，在1针边内侧入针，用钩针将2织片引拔缝合在一起。

钩针编织

起针

锁针起针

①

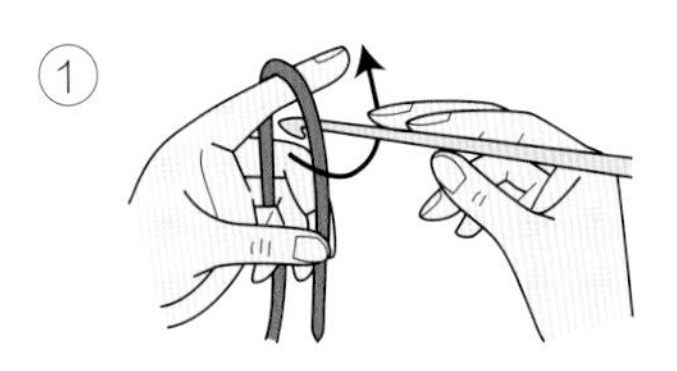

钩针位于外侧，按照箭头方向旋转钩针并绕线。

②

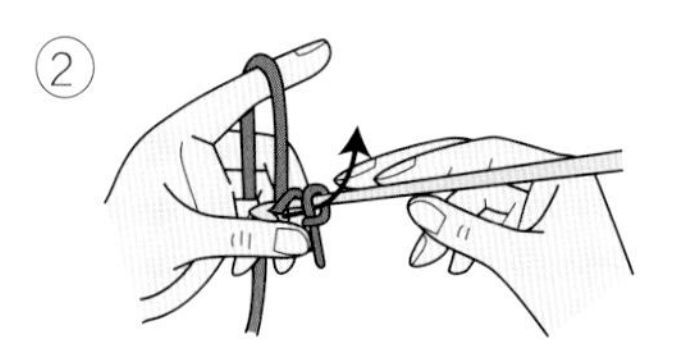

线挂在了钩针上。左手固定住线头，针上挂线钩出。

③

针上挂线，从线圈中钩出。

④

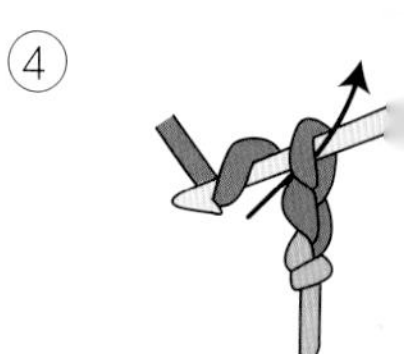

重复同一步骤钩

钩织符号

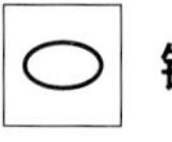

锁针

①

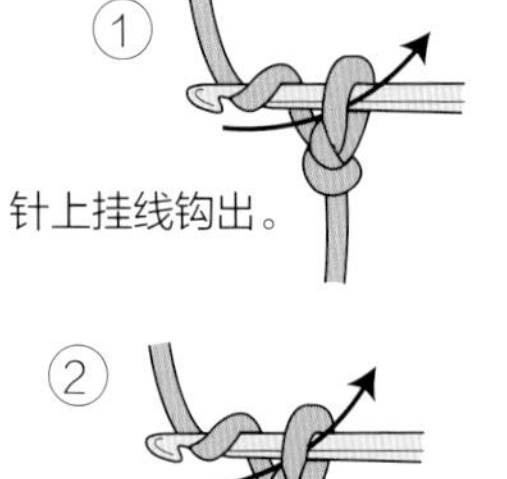

针上挂线钩出。

②

重复相同的步骤。

③

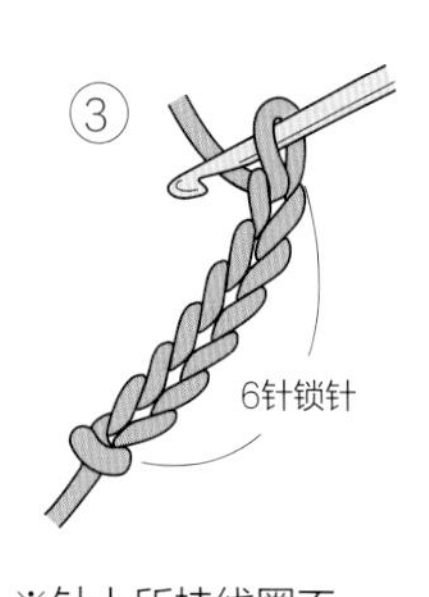
6针锁针

※针上所挂线圈不算作1针。

引拔针

①

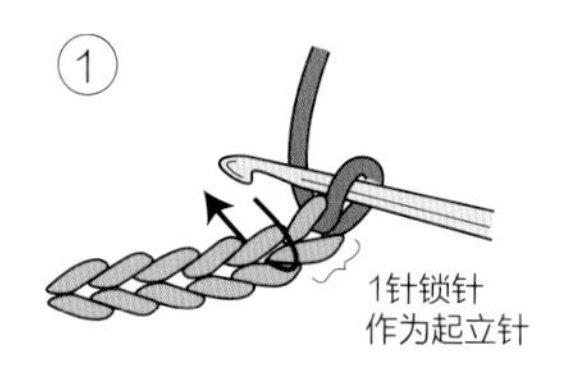

按照箭头方向入针。

②

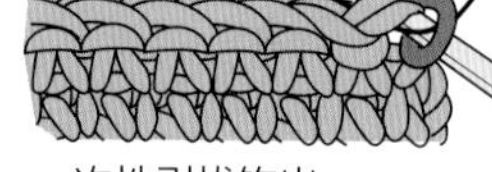

一次性引拔钩出。

短针

①

1针锁针
作为起立针

②

③

④

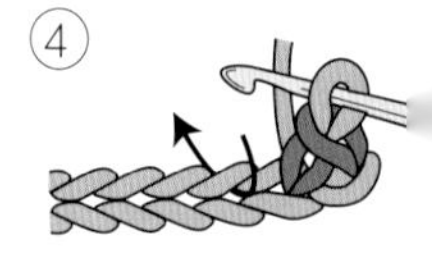

短针1针分2针

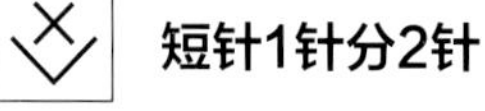

①

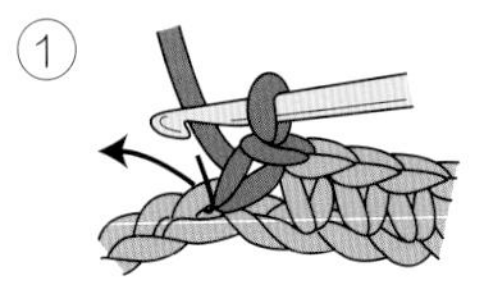

钩1针短针。

②

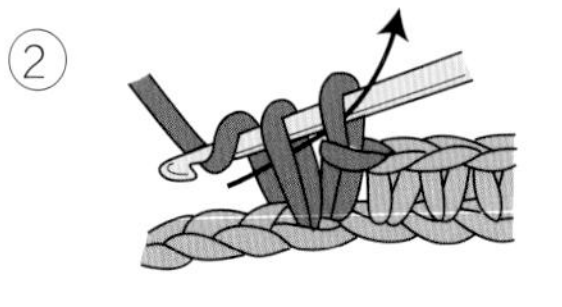

在同一位置再钩1针短针。

③

1针分为了2针。

※ 同样地，在同一针脚内钩3针短针。

短针2针并1针

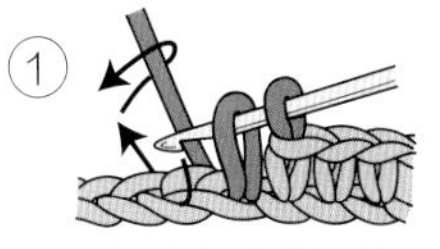
钩2针未完成的短针。

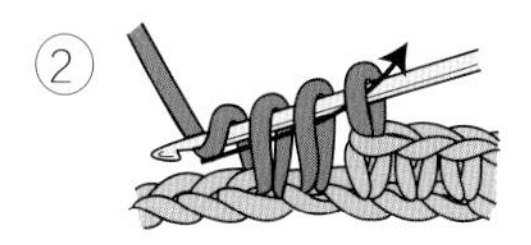
一次性引拔钩出。

2针并为了1针。

※ 同样地，钩3针未完成的短针，一次性引拔钩出。

※「未完成」是指最后的引拔步骤完成前的状态。

逆短针

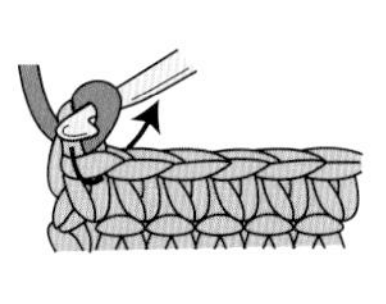
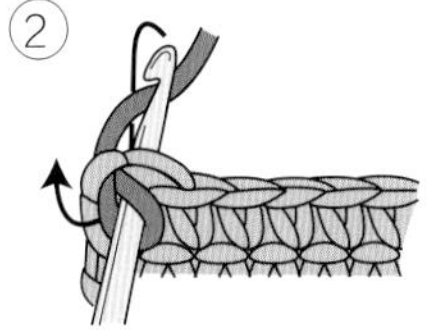

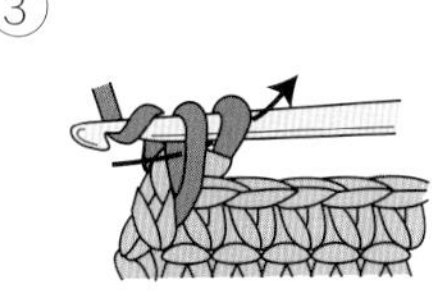
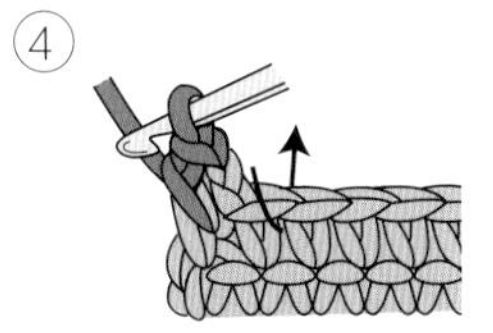
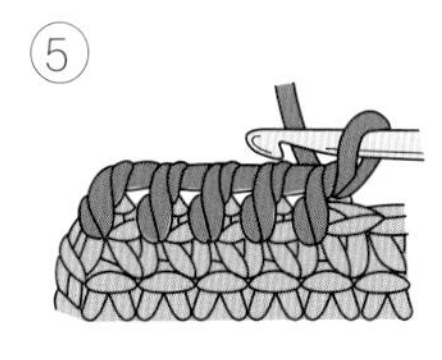

其他基础技法

缝技法

缝

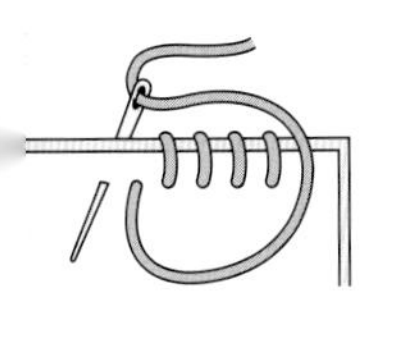

包缝

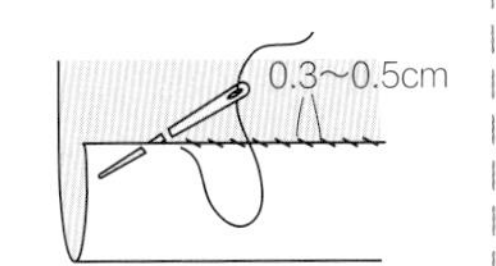
0.3~0.5cm

平针缝

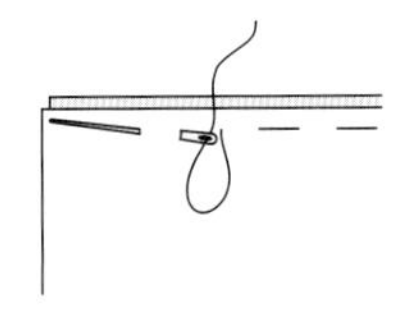

安装纽扣

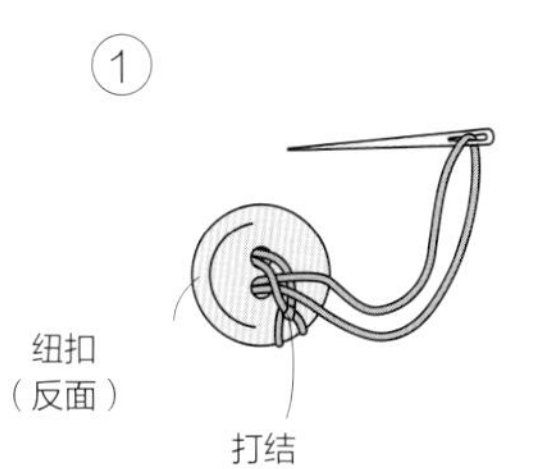
纽扣
（反面）
打结

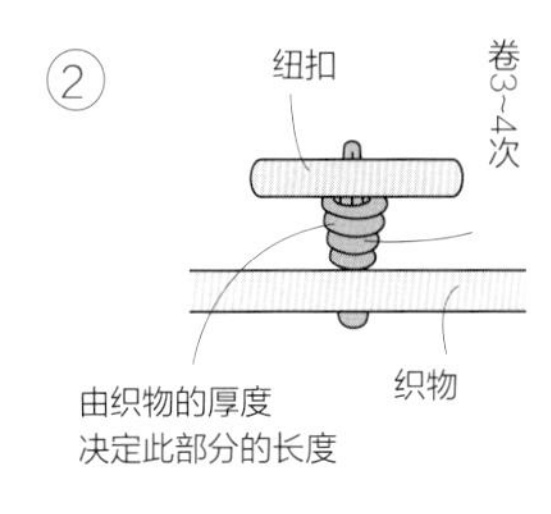
纽扣
卷3~4次
由织物的厚度
决定此部分的长度
织物

绣的方法

将线分股的方法

… p.76

绣

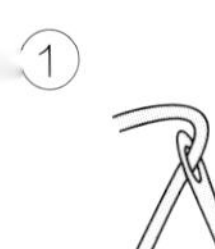

2入
1出

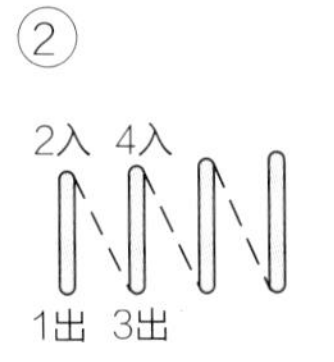
2入 4入
1出 3出

轮廓绣

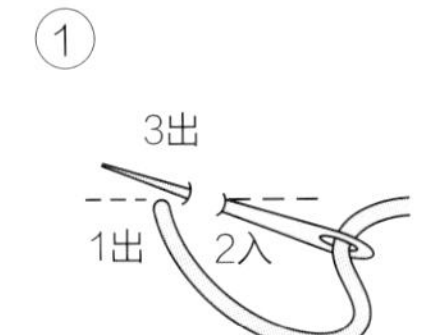
3出
1出
2入

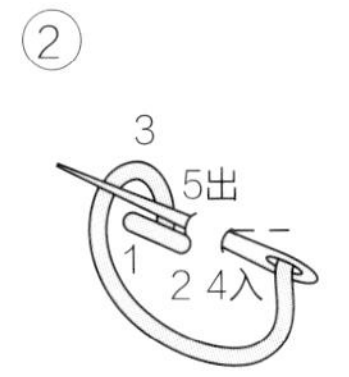
3
5出
1
2 4入

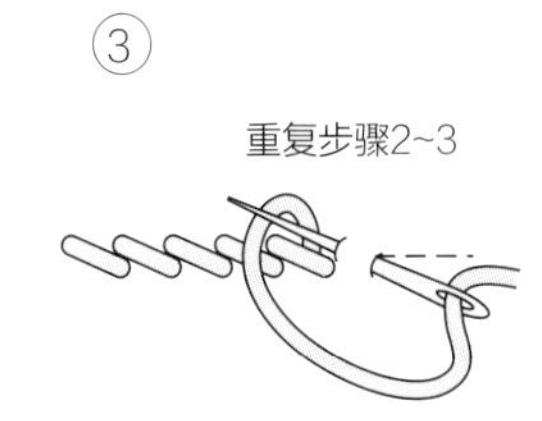
重复步骤2~3

绣

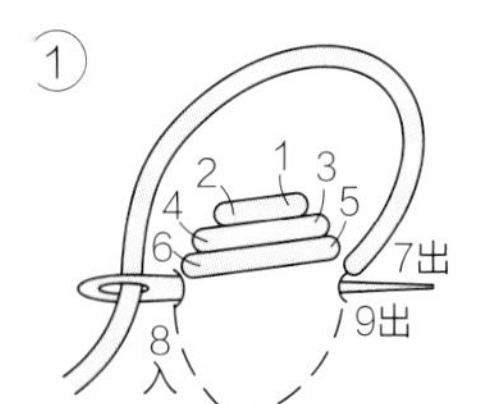
1
2
3
4
5
6
7出
8入
9出

锁链绣

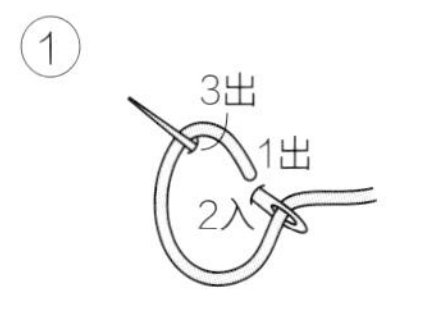
3出
1出
2入
2在1的相同位置入针

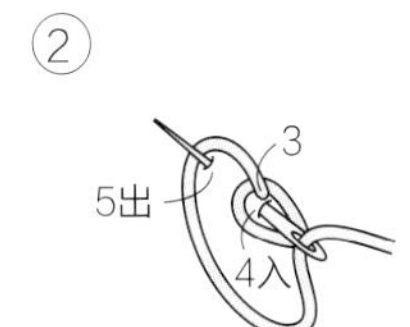
3
5出
4入

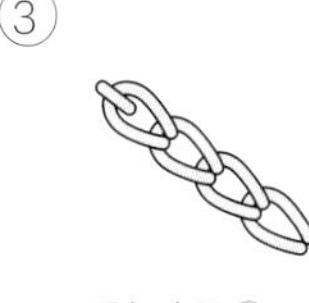
重复步骤②

东海绘里香 *Tokai Erika*

编织作家，女子美术短期大学造型系服装设计专业毕业。曾有毛线制造厂、服装制造商的工作经历。2002年开始制作编织包袋，活跃于个展、讲师活动、编织设计等领域。著有《提花动物包》（日本诚文堂新光社）等书。

日文版工作人员

编辑……井上真实
北原 sayaka
西园美加子
摄影……奥川纯一［插图］
腰塚良彦［编织方法］
版式设计……中山夕子
（sugarmountain）［插图］
牧阳子［编织方法］
模特……关 玛丽安娜
化妆造型……山田 naomi
编辑协助……池田雅代
（IKEDA ART PLANET）
制作协助……龟田爱
木下史子
森下奈央
编织方法校对……高桥沙绘

著作权合同登记号：图字：01-2020-6261

图书在版编目（CIP）数据

东海绘里香甜蜜编织时光 /（日）东海绘里香著；叶宇丰译. -- 北京：中国纺织出版社有限公司，2021.1（2025.3 重印
ISBN 978-7-5180-7989-6

Ⅰ.①东… Ⅱ.①东… ②叶… Ⅲ.①绒线－手工编织－图解 Ⅳ.①TS935.52-64

中国版本图书馆 CIP 数据核字（2020）第 196987 号

责任编辑：刘　茸　　特约编辑：张　瑶
责任校对：江思飞　　责任印制：王艳丽

中国纺织出版社有限公司出版发行
地址：北京市朝阳区百子湾东里 A407 号楼　邮政编码：100124
销售电话：010—67004422　传真：010—87155801
http://www.c-textilep.com
中国纺织出版社天猫旗舰店
官方微博 http://weibo.com/2119887771
北京通天印刷有限责任公司印刷　各地新华书店经销
2021 年 1 月第 1 版　2025 年 3 月第 6 次印刷
开本：889 × 1194　1/16　印张：6
字数：138 千字　定价：59.80 元